JN112061

エバンジェリストの
知識と経験を1冊にまとめた

AWS

開発を《成功》させる技術

高岡将
佐々木亨

SB Creative

本書の掲載内容

本書の掲載情報は2023年6月11日現在のものです。AWSのサービス内容や機能、画面などはアップデートされる可能性があります。

■ **本書に関するお問い合わせ**

この度は小社書籍をご購入いただき誠にありがとうございます。小社では本書の内容に関するご質問を受け付けております。本書を読み進めていただきます中でご不明な箇所がございましたらお問い合わせください。なお、ご質問の前に小社Webサイトで「正誤表」をご確認ください。最新の正誤情報を下記のWebページに掲載しております。

本書サポートページ https://isbn2.sbcr.jp/17523/

上記ページのサポート情報にある「正誤情報」のリンクをクリックしてください。
なお、正誤情報がない場合、リンクは用意されていません。

■ **ご質問送付先**

ご質問については下記のいずれかの方法をご利用ください。

・Webページより
上記のサポートページ内にある「お問い合わせ」をクリックしていただき、ページ内の「書籍の内容について」をクリックすると、メールフォームが開きます。要綱に従ってご質問をご記入の上、送信してください。

・郵送
郵送の場合は下記までお願いいたします。

〒106-0032
東京都港区六本木2-4-5
SBクリエイティブ　読者サポート係

刊行に寄せて

株式会社NTTデータ　中原知也

「AWS本を出そうかと思うんです」

昨年高岡氏から話を聞いたとき、最初は戸惑いを覚えました。近年、多くのAWS関連書籍がすでに発刊されている中で、多様な経歴をお持ちで役員となった今もなお数多くのプロジェクトを最前線で率いておられる高岡氏が、あらためて技術書を執筆されるというのは正直違和感を覚えたからです。ただ、その心配はすぐに杞憂に終わりました。構想を聞かせていただいているうちに、これは高岡氏でなければ書けない内容だ、と確信したからです。

クラウドが誰にでも扱えるようになった今、システム構築における実務的な難易度は一昔前に比べると圧倒的に下がってきたと言えます。それゆえに、設計が十分に練られないまま構築されたシステムも散見されるようになりました。もちろんこの状況を良しとせず、体系化・標準化されたメソトロジーの活用も徐々に始まっていますが、事実、現実世界はとても複雑であり、理想どおりにはいかないことばかりです。

本書は、さらにその先まで踏み込んだ、公式ドキュメントでは決して語られない真にリアルなシステム開発・運用現場での知見を凝縮した、まさにバイブルと言える内容です。本書では、「やらなくてもよいこと」「やりすぎないほうがよいこと」にも多々触れられています。これらを見極める力は一朝一夕では身につきません。長年にわたり筆者らが経験し、時には痛みを伴いながら獲得されたであろうノウハウが、各章にわたって散りばめられています。読者の皆様は隅々まで注意深く読み進められることをお勧めします。

本書はクラウドを用いた開発・運用に従事する多くの皆様にとって有用なものですが、特に開発プロジェクトをリードされる皆様におかれては必読であると私は考えます。昨今は開発や運用の現場においても自動化・無人化が叫ばれるようになりましたが、やはりプロジェクト成功のキモは人、そして組織です。どのような体制で挑むか、役割はどうあるべきか、経営とどのようにつなぐか。これらの問いに唯一の正解は存在しませんが、本書で示される知見は必ず読者の環境における大きなヒントになるでしょう。本書は技術書であると同時にビジネス書です。長くIT業界を牽引されてきた著者らの知見の結晶が皆様のビジネス成長に寄与されることを、一読者として願っております。

はじめに

「**クラウド**」というキーワードがすっかり一般的になり、昨今新たにシステムを構築する際には、かなりの割合でクラウドの利用が検討され、実際に利用されるようになっています。しかし、クラウドを利用したシステムで、**思ったようなコストメリットが得られなかったり、運用の負担が軽減されなかったりするケースもしばしば耳にします**。本書は、そうした事態に陥ることをあらかじめ回避するために、筆者たちが数多くの開発経験から得た知識とノウハウをまとめ、クラウドの恩恵をきちんと享受していただくことを目指した「**AWSによるシステム開発を成功に導くための指南書**」です。

本書でお伝えしたいこと

クラウドには、非常に手軽に使えるという大きな利点があります。ただし、この話は「単純に使うことだけ」の視点であって、**ビジネスに必要な「適切にリソースを使っているか」「コストは正確か」などの健康状態のコントロールは一切含まれていません**。

クラウドは手軽に利用できるがために、しばしば、いつの間にか目的もなくクラウドを利用している（または、クラウドを利用すること自体が目的となってしまう）可能性を秘めています。しかし、クラウドの恩恵をきちんと受けるためには、

- 構築するシステム（サービス）を正しく理解したうえで、
- クラウドの提供するさまざまなサービスを適切に組み合わせ、
- 人材を適切に、クラウドのサービスやコストを正確にコントロールし、
- クラウドならではの維持運用を行う

といったように、**初期検討時から運用保守までの正しいアプローチ**が必要です。

このような観点に基づき、本書では、プロジェクトマネージャー（PM）やサービスオーナー（説明責任者）の立場に焦点を当て、クラウドシステムの考え方や勘所を提供し、ビジネスとしての成功に導く方法を解説していきます。

本書が提供するもの

本書では、筆者たちのクラウドシステム開発経験に基づき、**開発対象が何であっても、時間が経っても形骸化しない、クラウドならではの考え方やノウハウ**を提供します。具体的には、次のような内容です。

- クラウドの根本的な思想と、システム開発でクラウドの利用が標準的になった理由
- 属人的でない、透明性のあるシステムアーキテクティングの方法
- 複数システムの非機能要件を集約してコスト効果を出す方法
- 非機能要件の設計パターンの理解とハンズオン
- クラウドシステム安定稼働のための考え方と勘所
- クラウドシステムの効果測定のために持つべき視点

クラウドシステム開発の現場で多くの経験を積んだ方にとっては、ある種「当たり前」に感じられる内容も含まれているかもしれません。しかし今の開発現場では、その「当たり前」は**同じプロジェクトをたくさん経験した者たちだけが持つ阿吽の呼吸、暗黙のノウハウ**となっていることも多く、知った仲では効果を発揮します。しかし、プロジェクトに中途参画したメンバー（新入社員配属などを含む）や外部の人とのコラボレーションとなると、スムーズに物事が進まないという状況があります。

そこで本書では、そうした「当たり前」にあたる内容も言語化した形で取り込んで、共有できるようにしています。いわば、インフラやクラウドアーキテクチャの属人的でない、再現可能な、ベストプラクティスとしての考え方やノウハウです。

それらを身に付けていただくことで、次のような効果を期待できます。

- 実装されるシステムが適切にクラウドを利用していることを実感できる
- 開発メンバーの好きな構成、やりやすい方法という観点でシステムを構築することを避けられる
- 企画メンバーの要求のままに開発メンバーを疲弊させたり、多重運用やセキュリティの問題を抱えたりすることを避けられる
- 開発だけでなく障害発生時や監査対応もスムーズに行える

また、本書の内容をプロジェクトのメンバーと共有いただくことで、次のような効果が期待できます。

- プロジェクトのメンバーがシステムへの期待値を共通言語で議論できる
- 中途参画(新入社員配属などを含む)のメンバーを短期間でプロジェクトの戦力にできる

なお、本書で提供される内容に、アプリケーション開発部分は含みません。アプリケーションはプロジェクトごとに特性が大きく異なり、クラウドシステムとして一般化できるような部分は少ないためです。

本書が前提とする知識と対象読者

本書では**AWS(Amazon Web Services)を利用したクラウドシステム開発**について解説しています。AWS認定資格の「ソリューションアーキテクト – アソシエイト」と同程度の知識をお持ちであれば問題なく読み進めていただけるでしょう。そうでない方も、AWSの各サービスに関しては概要を適宜解説しているので、細かい部分はわからなくても各項の大意はつかんでいただけるのではないかと思います。

本書は、プロジェクトマネージャーやサービスオーナーの立場に焦点を当て書かれていますが、前述のとおりプロジェクトチームのメンバーまで幅広く活用していただくことを期待しています。そこで、なるべく丁寧な解説と図解を心がけ、また開発事例をいくつか取り上げてイメージをつかみやすくしました。ある程度の技術的な知識は必要となりますが、クラウドの活用を検討している企業の経営層やIT部門のリーダーの方にも、本書を通じてAWSによるクラウドシステム開発についての知識を得ていただくことができるでしょう。

本書の構成

本書は、クラウドシステムの根本的な考え方から始まって、次第に具体的な実装を取り上げていくように構成されています。前の章で学んだ内容が前提となることも多いため、第1章から順番に読み進めていくことをお勧めします。第5章では1～4章で解説したノウハウを架空のシステム要件に適用します。第6章では5章までの内容を踏まえて、さまざまなプロジェクトに適用可能なパターン化されたハンズオンを提供します。

第1章：クラウドの技術的な特徴とシステム開発における変化
第2章：クラウドシステムの全体像を検討する際の考え方と参照ドキュメント
第3章：クラウドサービス選定のポイント
第4章：非機能要件のノウハウ
第5章：アーキテクティングの判断ポイント
第6章：マルチアカウントアーキテクチャ構築のハンズオン
第7章：クラウドで構築したシステムを安定的に継続させるためのノウハウ
第8章：投資対効果を評価する方法
第9章：クラウド開発事例の紹介

本書を通じて、クラウドシステムにおけるAWSの各サービスの扱い方をより深く理解し、設定やアーキテクチャの選択を行う際の有益な情報を得ていただくことができるでしょう。また、運用担当者の方にも、安定した運用を維持するためのヒントが見つかるはずです。

クラウド技術は、IT業界に革新的な変化をもたらし続けています。しかし、その恩恵を十分に享受し、ビジネスの成果を上げるためには、適切な知識とノウハウが必要です。本書が、そうした知識とノウハウを共有する一助となり、永く活用されることを願っています。

目　次

第7章 クラウドシステムを安定継続させる手法

第8章 クラウドシステムを正しく評価する観点

第1章

クラウドスタンダードな時代のシステム開発

この章では、クラウドの技術的な特徴、IT業界とシステム開発にもたらした変化について整理します。クラウドの登場によるシステム開発の変化の本質を理解し、変化に対応した開発体制はどう整えるべきなのかを考えていきましょう。

1.1 システム開発における クラウドの登場

本節ではクラウドの特徴を整理して、その本質を理解します。そのために、まずクラウドが登場した当時の歴史的背景を振り返りながら、コンピューティングリソースの使い方がクラウド登場前後でどう変化したのかを確認します。その後、クラウドの特徴をホスティングやオンプレミスと比較しながら整理していきます。

1.1.1 クラウドについての前提知識

昨今のシステム開発や、事業・サービスを構築する際、「**クラウド**」というキーワードを聞くのは当たり前の世の中になりました。

ビジネスにおけるひとつのゴール(目的)を達成させるための技術的手段の中に、「クラウド」あるいは「オンプレミス」などの選択肢があります。

新たな技術やサービスが世の中の一定の支持を集めるということは、それなりの価値や意味があるものです。クラウドが出現し始めた当初は、その特徴として**「柔軟性」「俊敏性」「迅速性」「拡張性」**などという言葉をよく耳にしました。皆さんも、どれか一度は聞いたことがあるかと思います。

昨今では、これらに加えて、**「オンデマンドサービス」「マネージドサービス」「グローバルネットワーク」「必要に応じたリソース」**などの言葉も語られています。クラウドベンダーが日々アップデートやサービス拡充を行い、継続利用による料金の値下げなどを受けられる可能性があり、また、新規に提供されるサービスはこれまでのオンプレミスとはまったく異なる世界観で、技術革新を即時に利用できます。

クラウドで提供されるサービスは、利用している範囲で**リソースの計測**や**モニタ**を行うことが可能で、それぞれに適した**管理レベルのコントロール**や**最適化**をこれまでのオンプレミス機器とは異なる次元と時間軸で提供でき、利用者はさまざまな形で恩恵を受けられます。

こうした特徴を理解して自社サービスなどへうまく適用することは、昨今では技術担当者の問題を解決するにとどまらず、経営レベルでの戦略価値となっています。

クラウドが登場した背景

2006年、**Amazon Web Services**（以下、**AWS**）より**Amazon S3/EC2**が発表された際、業界には大きな衝撃が走りました。実はAWSがこれらのサービスを発表した当初は「**エラスティックコンピューティング**（Elastic Computing、Elasticは伸縮自在という意味）」のような単語を用いることが多く、単体で「クラウド」という用語は使われていませんでした。クラウドとは、「**クラウドコンピューティング**（Cloud Computing）」を省略した言葉で、2006年8月に開催された検索エンジン戦略会議（Search Engine Strategies Conference）における、Google社の元CEOエリック・シュミット（Eric Emerson Schmidt）氏による発言が始まりと言われています。

以下に、同氏がクラウドについて説明している米TIME誌のインタビュー記事を引用します。今となっては少々古い表現もありますが、**大きな意味でのコンピュータの共同利用**という考え方が見て取れると思います。

原文

The basic argument is, if you think about it: it would be better for you to have all the data and all the applications that you use on a server somewhere, and then whatever computer or device you're near you would be able to use. Let's say you have a PC or a Mac at home and at the office, and you have a BlackBerry and a portable and so forth and so on. You're constantly moving files around. What happens if you drop your ThinkPad and break it?

～

It's just a better model to have the computation and the applications use what we call a cloud, somewhere in the Internet. I, among other people, have been talking about this for 15 years, well before Google was founded. It turned out to be really hard to pull off. But now finally these broadband networks are fast enough that you can actually do it. You just don't need to always have everything on your local computer.

引用元：https://content.time.com/time/business/article/0,8599,1541446,00.html

訳

基本的な考え方は、あなたが使用するすべてのデータとアプリケーションをどこかのサーバーに保管しておくほうがよい、ということです。その理由は、どんなコンピュータやデバイスからでもアクセスが可能になるからです。例えば、あなたが家やオフィスにPCやMacを持っていて、スマートフォンなどの携帯可能なデバイスを持っているとしましょう。あなたは常にファイルを移動させています。でも、ノートPCを落として壊したらどうなるでしょうか？

～

インターネットのどこかに存在する、私たちが「クラウド」と呼ぶものを計算とアプリケーションが利用するほうが、より優れたモデルだと考えられます。私は他の人々とともに、Googleが設立されるずっと前から、15年以上もこのことについて話し合ってきました。それを実現することは本当に困難でしたが、ブロードバンドネットワークの速度が十分に向上した今、現実のものとなりました。すべてを常にローカルコンピュータに保存する必要はなくなりました。

ちなみに、同様のコンセプトはそれまでもありました。しかし、以前は、コンピュータ自体の仮想化対応が限定的で、ネットワーク速度も足らず、コンピュータを含めたネットワークやストレージといった機器のソフトウェア化も追いついていませんでした。2006年のタイミングはさまざまな機能やサービスがクラウドというサービスを始めるにあたりタイミングが良かったと言えると思います。

クラウド登場以前のコンピュータ利用

それまでのコンピュータの利用方法はというと、「コンピュータの単体利用（**スタンドアロン**）」「企業間の共同利用（**特定処理、特定機器**）」「企業内までの共同利用（**仮想化**）」などがあり、これらを経て、企業やロケーションなどを問わない共同利用（**クラウド**）へと歩んできました。

クラウドが出現する以前、1980年代から2000年ごろまでは、日本でも**ホストコンピュータ**を所持する企業がたくさんありました。ホストコンピュータは、現在のオンプレミスサーバーのように規格化されたサイズのものをラックに搭載するのではなく、それぞれのサイズによって設置場所を確保する必要があります。そのため、重厚なデータセンターやマシンルームを用意して、自社のシステム担当者がメーカーやファシリティ担当者と交渉し、設置・利用していました。その上で動くアプリケーションの担当者との距離も近く、まさしくオンプレミスの時代を感じさせる運営がなされていました。

その後、**IAサーバー**（Intel Architecture Server、PCサーバーとほぼ同義）などへのダウンサイジング、オープン化などが積極的に行われ、オンプレミスでもデータセンターの中に自社サーバーを設置して運営するようになると、インフラ担当者は不動産や電源といったファシリティ周りの仕事から解放され、純粋にハードウェア技術に特化し始めます。その結果、アプリケーション担当者との距離はより緊密になってきます。さらに、オンプレミスでも仮想化が進み始めると、それまでApacheなどのWebサーバーの数＝実サーバー台数だったのが、そうではなくなります。

こうなってくると、アプリケーション担当者からすれば、データもプログラムもサーバー群の上に置いておこうとなりますが、それはオンプレミスであってもインターネットのどこか“雲（クラウド）”の中にあっても大差ありません。このため、日本でも時間を要することなくクラウドが浸透していきます。

1.1.2 クラウドの特徴

ホスティングやハウジングとの違い

クラウドと近しいサービスとしては、**ホスティング**や**ハウジング**などの形態がありますが、いずれも「自社資産(オンプレミス)をデータセンターなどへ設置する」あるいは、「データセンター業者(など)の資産(オンプレミス)を借り受ける」といった形態が主流でした。

一方、クラウドは数百台、数千台、あるいはそれ以上にも及ぶハードウェアを「**リソース**」という形で仮想化し、**コア数やメモリ量などが選べるメニュー化されたリソース**として、柔軟かつ即時に利用できます。

オンプレミスに対する優位性

リソースの有効活用という目的だけであれば、クラウドベンダーを利用することなく、自社でサーバーを調達(購入)し、オンプレミスリソースを「仮想化」してサービスへ割り当てることでコストメリットも十分に発揮できると考える企業もあります。しかし、**ハードウェアの調達でボリュームメリットを享受しにくい**ことや、仮にハードウェアコストが抑えられても、日夜の運用や、数年に一度の入れ替えなどの**維持コストと人件費**を考えても、なかなかメリットを出しにくい世の中になっています。

また、**システムの障害**に関して、「オンプレミスは障害への対処が可視化されやすい」と言われます。確かに「障害が発生した後」はその傾向にあるかもしれません。ただ、クラウドを利用した場合、**適切な設計が行われていればそもそも障害が起こりにくい**というメリットがあります。

それ以外にも、サーバーを増やしたい、ストレージを増やしたいといった要求に対する**俊敏性**は、オンプレミスのハードウェア調達などとは比べものにならないメリットとなります。

クラウドは、「インフラ部分を仮想化・リソース化し、企業・個人を問わず全世界のユーザーが利用できるサービス」です。クラウドが優れているのは、ボリュームディスカウントだけではなく、調達の優位性、障害耐性の向上、スケールメリットの担保、バージョンアップや追加された新機能をいち早く試せる俊敏性、何よりこれらにかかわる運用をクラウド側が担っていることです。シンプルに全世界のユーザーから**インフラ管理コストを軽減**させますので、ユーザー企業は、そのコストや要員をサービス開発などのビジネスに集中させることができます。

登場時のクラウドサービスと現在のクラウドサービスの変化

クラウド登場当初は、コンピューティングリソース、ネットワーク、ストレージなどといった、それまでのオンプレミスで実現できる程度のメニューで構成されていましたが、以降、さまざまなサービスの追加とそのアップデートが頻繁に行われ、例えば現在のAWSでは**年間2,000件以上のバージョンアップや機能改修**が行われています。

クラウドが提供するサービスの形態も、オンプレミスを仮想化したイメージのものから、リソースの組み合わせがIPアドレスなどに依存しないオブジェクト形態のもの、ソフトウェアデファインド(Software Defined、ソフトウェア定義)をテナント形式で提供したもの、これまでのハードウェア・ミドルウェア製品に依存しないAWS社のサービス(**マネージドサービス**)、さらには、AI、IoT、エッジコンピューティングなど特定の業務領域の基盤となりうるもの、また、それらを維持開発するうえでの仕組み(CI/CDなどの仕組み)まで、幅広いニーズに対応できるサービスが瞬時に利用できるようになりました。

1.2 クラウドを利用したシステム開発

クラウドでのシステム開発ではハードウェアを意識する必要はありません。ハードウェア固有の考え方、例えばストレージの接続方式やVLANの割り当てはクラウドでは登場しないか、もしくは別のものに置き換えられます。設計で考慮するポイントが大きく変化したので、開発経験の異なるエンジニアが集まる開発現場では大きな影響となります。

本節では、現在システム開発の現場で起こっている世代間ギャップを簡単に紹介し、次に、クラウドの登場がIT市場にどのような影響をもたらしたのかを整理します。

1.2.1 開発現場の状況

オンプレミス経験世代とクラウドネイティブ世代

複数人でシステム開発を進める際に最も困ることは、**意志伝達が思うようにいかない点**です。さまざまな経歴を持つメンバーが集まったチームや、パートナーへの委託などを行う際がまさにそうですが、クラウドの登場によって意思疎通の難しさが顕著になります。例えば、

- 担当者Aはオンプレミスの経験が豊富で、クラウドにも深い理解があるが、仕事の進め方はオンプレミスの感覚で進める
- 担当者Bはクラウドネイティブ世代であり、マネジメントコンソールや構成図ベースの知識から各サービスを組み合わせる方法をとる

―― このような場合、感覚的にうまく噛み合わないケースも出てきます。

筆者自身はオンプレミスを経験している世代ですが、ここ数年仕事をしている

中で、自社のメンバー、顧客側のシステム担当者が「**オンプレミスを知らないクラウドネイティブ世代**」であることが多く、非常に大きな驚きを持っています。会話の中で感じられる世代間の違いについて、特徴的な例を以下に示します。

コンピュータ（サーバー）

クラウド vs 仮想化

インスタンスサイズ vs CPU型番、コア数、HTテクノロジーの有無

ストレージ

オブジェクト前提 vs DAS、RAID構成における実行有効量、IOPS

ネットワーク

VPC、WAF、TGWなど提供されるサービス	vs	レイヤ、ポート、帯域、VLANや冗長化などの論理設定、WAF、セキュリティなど筐体ごとの役割

その他

アカウントや権限の役割 vs あまり議論されない

他にもたくさんありますが、昨今のクラウド前提のシステム開発は、その目的達成に向けた技術の組み合わせに関して、オンプレミスに比べると**遥かに短距離で実現可能になっている**と感じます。もちろん、クラウドとはいえ裏では実機で動いていることは想像できますので、旧来の開発手法で培った知識が生きるところもありますが、ひとつのサービスを実現するという目的へのプロセスはシンプルに考えられるようになりました。この**スピード感**は非常に大きな魅力となり、昨今の技術者（特に若手）は当たり前のように対応し、短縮した時間はさらなるサービス向上への改善や効率化を行ったり、ビジネス側としても新しい体験を即座に反映したりしていくことができます。これらを**旧来手法の考え方で開発を進めてしまうと、クラウドであってもスピード感は失われます**。「とりあえずクラウドを利用することが目的」であればスピード感は次のステップでよいこともあります

が、結果的に割高になることや、若手エンジニアに敬遠されるといったデメリットを受け入れる必要があります。

クラウド開発のスピード感を高める考え方

スピード感を高めてさらに加速させていくといったケースでは、**変化に柔軟に対応できるエンジニア**の確保が必須です。同じクラウド技術者であっても旧来手法や独自手法にこだわり、新たな考え方や手法をストレスと感じてしまうと、メリットの享受が難しくなることでしょう。

考え方や手法が噛み合わない例として、以下のようなものがあります。

構築するシステムの目的

作りながら考える	vs	ビジネスプランありき(システム費用を含む予算)

目的を実現させるための構成

PoCなどで実現、リソースの増減は後からでも柔軟に対応可能	vs	机上でのキャパシティプランニング、高SLAを実現するためのシステム検討

設計・構築

ウェルアーキテクト、CDPなどを用いてインフラ部分は即構築、アプリケーション部分はアジャイル開発など GitHubやソースコードでの管理	vs	実際に行うべきことをWBSなどで定義、体制を整えて項目ごとに成果を求めていく ソースコードでの管理の他にドキュメントにパラメータシートなどを保管

前者はクラウドの特性である「**コンピュータの共同利用**」という概念に合わせた考え方ですが、後者はそれを**「オンプレミス(自社所有)」の考え方に合わせようとしているもの**と言えます。オンプレミスの場合、自社資産で自分たちのサービスを自分たち専用で構築・提供・運用するため、どうしても1回限りのワンオフ的な考え方になり、汎用性がなく、重厚長大になりがちです。例えばSLA(Service Level Agreement、サービス品質保証)実現のためにどれだけの投資をするか?という

ケースで、オンプレミスの場合は考えられる冗長化などの対応を入れるでしょう。しかし、クラウドの場合は、低レイヤ(ハードウェアに近い部分)の障害はクラウドベンダーの障害であり、その際は自社サービスだけが被害を受けるわけではありません。そのような考え方から、SLAの対応は限定されていくため、ボリュームや内容もシンプルになるでしょう。**共同利用部分の検討はショートカットできる可能性が大きい**です。

このように、クラウド開発はこれまでの業界の考え方に変化をもたらしており、思想を理解したうえで利用することがクラウドの恩恵をきちんと享受するために必要となります。

1.2.2 クラウドの登場がIT市場に与えた影響

クラウドの登場がIT市場に与えた影響は計り知れません。大まかに見ただけでも、インフラを中心に、エンドユーザーと、アプリケーションなどのベンダーとを取り巻く環境のビジネスは一変しています。

図1-1 クラウドの登場によるIT市場の変化

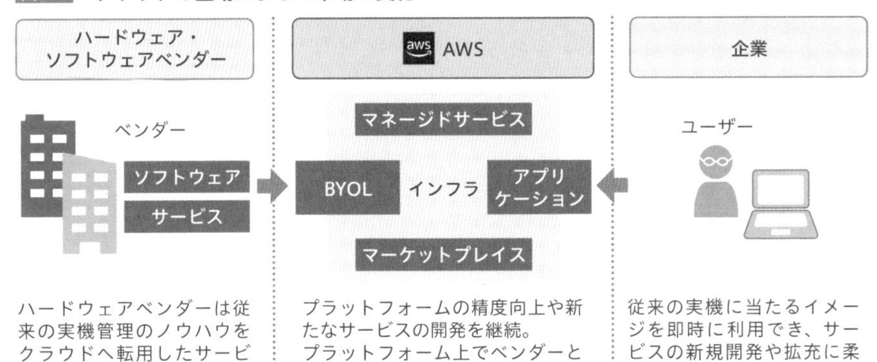

図1-1のように、クラウド(AWS)を中心として考えた場合、企業(ユーザーが実現するシステム)とクラウドの関係とは別に、ハードウェアベンダーはオンプレミスからクラウドへ移行しても違和感なく機能が利用できるプロダクトをクラウドへ提供し、ソフトウェアベンダーはクラウド上で即時に簡単にサービスが開始できるソフトウェアを提供しています。クラウドベンダーのビジネスモデルはB2B2Cとなり、素晴らしいエコサイクルを形成できています。

こうした流れの中、昨今のシステム開発は、次のどちらかの形をとることが多くなっています。

- 既存(オンプレミス)のシステムをクラウドへ移行する
- 最初からクラウドでシステムを実現しようとする

特に「**DX(デジタルトランスフォーメーション)**」などのキーワードのもとに、これまでにない価値を技術で表現・提供する取り組みが多くあるかと思います。

ここで、**システム開発のトレンド**をいくつか取り上げてみます。

「SaaSサービス」を利用した開発

システム開発の変化のひとつに、**SaaSサービス**を利用した開発があります。

一例として、優れた**BI(Business Intelligence)ツール**のSaaSサービスが多数出てきました。それらはデータを処理するプロセス部分で深層学習をさせることで、一定の判断を下すことも可能になってきています。俗に言うAIに近い形です。その処理結果は、BIツール側で柔軟に配置・表現が可能です。データを処理する前にはデータを蓄積させなければなりません。これは**データレイク**(Data Lake)などと呼ばれ、さまざまなフォーマットのデータを蓄積し、整形するといったプロセスになることが主流です。

このようなシステムは、業務設計や要件定義などから始めるのではなく、**PoC(Proof of Concept、概念実証)などでデータの流れと表示を確認し、一気に構築してしまう**こともあります。こうした開発スタイルは旧来の開発手法ではほぼ無かったように思いますし、そもそも事業会社のシステム部門が優秀でないと実現できず、仮に実現しても維持運用までは難しかったと思います。特に日本における開発スタイルであるパートナーやSI事業者との取り組みでは、発注元からの指示命令が明確で、それらを要件といった形で定義していく手法がいまだに多いため、こうしたスタイルに対応することは難しいでしょう。

一方で、優れた分析を実現し、さまざまな表現で即時に結果が表示されるBIシステムは、経営陣や企画・営業部門からすると自分たちの判断の幅を広げ、事業に直結する可能性があるため、興味を持つことでしょう。そのため、こうしたシステム開発のスタイルに対応できるかどうかが企業にとって重要となっています。

スマホアプリの「継続開発」という考え方

また、システム開発における変化のひとつとして、モバイルアプリケーションなど、エンドユーザーが直接触れて表示されるシステムでの「**継続開発**」という考え方が挙げられます。

スマートフォンなどのアプリは、おおむねApple社やGoogle社のプラットフォーム（ストア）を通してダウンロードし、利用する形態をとります。昨今はSNSなどを通じた情報発信が無視できない影響力を持っており、エンドユーザーが利用したアプリに不具合があれば瞬く間にうわさが広まり、結果的に企業価値の損失にまで発展する可能性があります。そのためアプリ提供企業は、**リリース後にも継続してアプリの修正や機能追加を行ったりします**。また、エゴサーチやストアでの評判（口コミやフィードバック）などを通じてユーザーの声を調査し、即時に開発に反映してアプリに取り込み、リリースします。このような継続開発という考え方は、これまでなかったものでしょう。旧来のオンプレミスを中心とした考え方では、リリース日が決められており、その前にレビューを実施し、リリース手順も決まっていました。このように、これまでとは一見真逆の考え方も、同じIT業界で標準となりつつあります。

オンプレミスからクラウドへのリフト&シフト

オンプレミスのシステムをクラウドへ移行する取り組みも活発です。しかし、ややもすると「**クラウドへ移行すること**（クラウドを利用すること）」自体が目的になってしまったり、運用が煩雑化したり、かえってコストが高まったりすることもあります。過去には、**リフト&シフト**（オンプレミスのシステムをそのままクラウドに移行する）の設計で、オンプレミスのDBサーバーを冗長化している仕組み（複数台を、特定のミドルウェアを利用してハートビートを結び冗長化）を、まったくそのままクラウドで設計している事例もありました。クラウド（AWS）では、同一のリージョン内に複数のEC2でクラスターを組むよりは、アベイラビリティゾーンでRDSなどを利用するほうが、利用するミドルウェアが減ったり、AWS社へ任せられるマネージドサービス部分があったりします。そのため、単純なリフト&シフトではなく、クラウドの機能で代替できるものは取り入れるなどの肌感覚がないと、うまく恩恵が受けられない可能性があります。

オンプレミスもまだまだ健在

もちろん、旧来の**オンプレミス**の仕組みも存在します。どうしても実機でなければならないものもあるでしょうし、アプリケーション更改の必要がなくダウンタイムのペナルティもなければ、クフウドのほうがかえってコストがかかる可能性もあります。

このようにクラウドは、サービスを活用したシステム開発や、これまでの開発手法を一変させるなどの変化をもたらしました。そこから生み出される成果が新たなIT価値（DX）へと寄与していることは間違いありません。

1.3 システム開発体制の整え方

クラウドの登場によって、システムに必要なコンピューティングリソースは柔軟に確保できるようになりました。このことは、システムを随時開発したり拡張したりすることを可能とし、システム開発手法の選択肢を増やしました。本節では、ウォーターフォール開発とアジャイル開発の違いを理解した後、クラウド時代におけるシステム開発体制を考えていきましょう。

1.3.1 システム開発手法の選択

システムを構築するにあたって、**開発手法**を選択する必要があります。システム開発の手法はいくつかありますが、ここでは**ウォーターフォール開発**と**アジャイル開発**の2種類を取り上げます。それぞれメリット・デメリットがあるため、どちらを適用するかはシステムの規模や内容、開発体制などに応じて選択することになります。

ウォーターフォール開発

ウォーターフォール開発は昔からある手法で、開発工程を**要件定義、設計、開発、テストと順番に行う開発**です（**図1-2**上）。要件定義で決めた要件に合わせて設計を行い、設計に準じて開発し、設計どおりできているかをテストするという、前の工程で決めたことに従って次工程に進むことから、水の流れ落ちる様に例えて名前がついています。

ウォーターフォール開発のメリットには、開発工程の流れが明確なので開発の期間や必要な要員数などが計画・管理しやすい、要件を最初に確定させるため作るものが明確で品質を担保しやすい、といった点があります。一方、デメリットは、途中での要件変更が行えないことです。変更するとなると手戻りが大きく、莫大な工数がかかってしまいます。

アジャイル開発

もうひとつの開発手法である**アジャイル開発**は、**1～2週間程度で要件定義、設計、開発、テストを行うイテレーションを、繰り返し行う**ことでシステムを開発します（**図1-2**下）。

開発内容を細かくすることで、要件の変更に柔軟に対応可能となるメリットがあります。とはいえ、**要件の変更は無限にできるわけではなく、開発初期にある程度方針を決める必要はあります**。デメリットは、要件が流動的に変わりうるので、開発のコストやスケジュールの見通しが難しいことがあります。アジャイル＝要件をいくらでも変更可能、と思っているエンドユーザー相手だと仕様がどんどん膨らんでいってしまい、**当初の開発規模ではとても作りきれないシステム**になりかねません。

図1-2 ウォーターフォール開発とアジャイル開発の違い

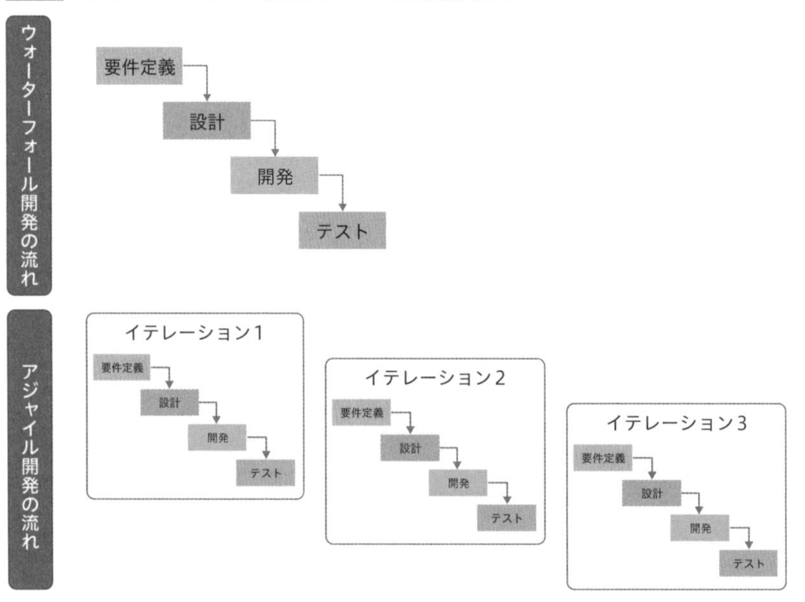

2つの開発手法のどちらを選ぶか

2つの開発手法を、高層ビルと犬小屋を建てる場合を例にイメージしましょう（**図1-3**）。高層ビルの完成までには長い月日と多くの人手がかかり、作り直すことは困難なので、あらかじめしっかりと要件・設計を決めておきます。**実際に建設が始まった段階からは、階数を増やしたい、間取りを変えたいといった要件の変更は受け入れられません**。無事に完成したビルは、数十年と利用を続けることになるでしょう。このような、要件がある程度固まっている大規模な開発にはウォーターフォール開発が向くと言えます。

一方で、犬小屋を作る場合は、1人でも数日で完成させられますし、**作りながら入り口を大きく変えるなど設計を変更しても問題はありません**。また、犬の成長に合わせて小屋を作り直すことも容易です。要件が決まり切っていない場合などはアジャイル開発が向いています。

まとめると、以下のようになります。

ウォーターフォール開発が適している

- 開発するインフラやアプリケーションの仕様が固まっている場合
- アプリケーションがモノリシックアーキテクチャ（2.1.1項参照）で、細分化ができない場合

アジャイル開発が適している

- 仕様が流動的に変わりうる場合
- 開発するアプリケーションが分割して開発できるようなマイクロサービスアーキテクチャ（2.1.1項参照）である場合

図1-3　アジャイル開発とウォーターフォール開発を建築に例えると

では、クラウドでのシステム開発にはウォーターフォール開発とアジャイル開発のどちらが適しているでしょうか。クラウド登場以前のシステム開発では、システムが処理する業務量に応じてサーバースペックやストレージ容量を決定し、発注を行ってから、システムを設計・構築していく必要がありました。要件を流動的に変えることは非常に困難だったため、ウォーターフォール開発が隆盛を極めました。それがクラウドの登場によって、仮想サーバーやストレージといったシステムリソースを即座に調達可能になったため、要件が変わっても影響はほとんどなくなり、アジャイル開発でもシステム開発が行えるようになりました。

それならば、クラウドでのシステム開発はすべてアジャイル開発で行うべきかというと、答えはNOです。前述のとおり、ウォーターフォール開発にもアジャイル開発にもメリット・デメリットがあるため、作り上げるシステムに応じて選択するべきです。極端な例ですが、クラウドだからとアジャイル開発で進めて、開発終盤でオンプレミスのデータセンターと接続したいという要求が出てきたら、ネットワーク構成を大きく変更しなければならず大きな手戻りが発生します。クラウドにおいても**後から変更が困難な設定や仕様**がありますので、無条件でいつでも要件を差し込めるわけではないのです。一般的には金融系や公共系の大規模なシステムであればウォーターフォール開発が、流行の変化が激しいWeb系の開発にはアジャイル開発が向くとされています。もちろん大規模な開発でアジャイル開発を実践しているシステムもありますし、Web系でウォーターフォール開発が一切ないわけでもありません。

ウォーターフォール開発とアジャイル開発を組み合わせた開発

最後に、ウォーターフォール開発とアジャイル開発を組み合わせて開発を行うケースを紹介します。**インフラ部分はウォーターフォール開発**を、**アプリケーション部分はアジャイル開発**を適用し、相互の開発の違いを理解したうえで吸収することで、2つの開発手法のメリットを享受できます。先ほどの高層ビルのイメージに当てはめると、建物そのものはウォーターフォール開発で行い、各フロアの内装部分はアジャイル開発で行うイメージです(**図1-4**)。

インフラチームはインフラ開発において**後から変更不可な要件**をアプリケーションチームに伝えて要件を確定させます。アプリケーションチームは**流動的に**

変わりうる要件をインフラチームに伝え、インフラチームは要件が確定し次第順次取り込むとともに、要件確定のデッドラインをアプリケーションチームに伝えます。筆者の所属する会社ではこの手法でクラウドにおけるシステム開発を行い、**30人近い開発チームにおいてインフラチームは2人**という体制でもシステム開発を行うことができています。

図1-4　ウォーターフォール開発とアジャイル開発を組み合わせた開発のイメージ

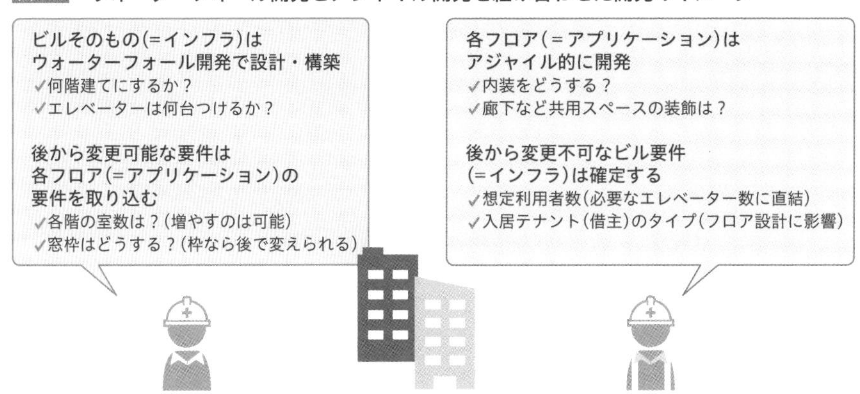

1.3.2 開発チーム分けの考え方

大規模なシステム開発現場における開発チーム分けの変化

オンプレミスでの大規模なシステム開発の場合、ネットワーク機器やストレージ製品などハードウェア製品を調達し、その中にOSをインストールしてアプリケーションを構築します。各製品の設計を行うために、それぞれの専門家、さらにはシステム運用やセキュリティ検討チームなどがプロジェクトに参画する必要がありました。そうすると、開発体制は必然的に各専門家が集まってチームを構成することとなっていました。一見、専門家が集まって議論しながら設計することでより良い設計になるように思えますが、システム開発全体を考えるとチームをまたいだコミュニケーションはオーバーヘッドやコミュニケーションミスによるトラブルの温床となりました。これはシステム開発現場がクラウドに変わっても同じことが起こりえます(**図1-5**)。

図1-5 専門分野ごとにチームを分けると、コミュニケーションが課題となる

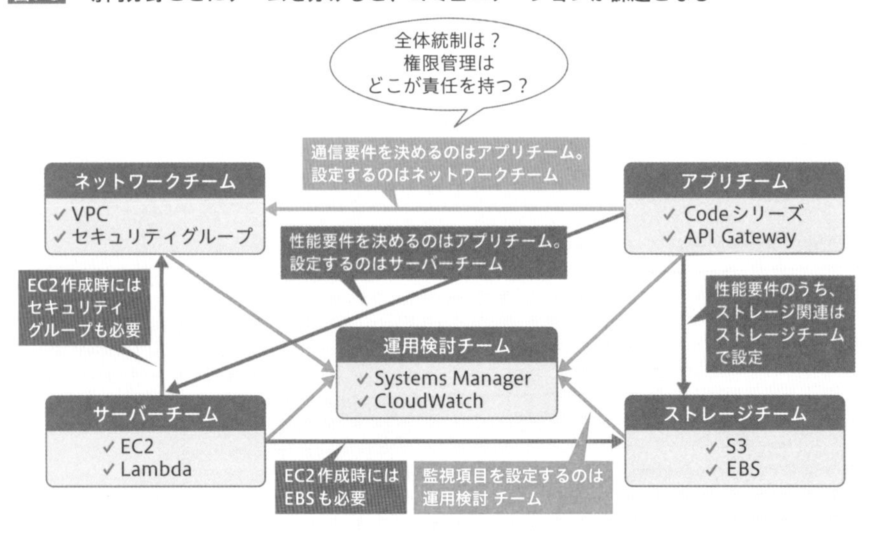

クラウドの強みとして、データセンターやハードウェアが高度に仮想化されているために、クリックすれば必要なリソースが調達できるという点があります。これは**ハードウェアの高度な専門知識がなくてもシステムの設計・構築ができる**ということです（もちろん、クラウド固有の専門知識は必要となります）。そこで、インフラ、アプリケーション、運用などの担当者間のコミュニケーション上の課題を解決するために、専門単位ではなく**システム単位**でチーム分けを行って、その中でインフラ、アプリケーション、運用などの担当者が連携することが考えられます。各システムの担当者たちがシステム設計から実装、運用設計まで一貫して責任を持ちます。1つのチームで作業することで、インフラ担当者はアプリケーションを理解しながら、アプリケーション担当者は運用を理解しながら、といった具合に**自分の担当領域を超えてシステムの全体像を把握しながら開発を行う**ので、コミュニケーション上の課題解消が期待できます。なお、システム単位のみでチームを配置すると、全体的な統制がとれなくなる可能性があります。そのため、**全体ガバナンスチーム**を別途配置して、各チームへの権限付与や、セキュリティおよび開発ガイドラインの策定を行い、各チームに配布するようにします。

図1-6 システム単位でチームを分けてコミュニケーションの課題を解消する

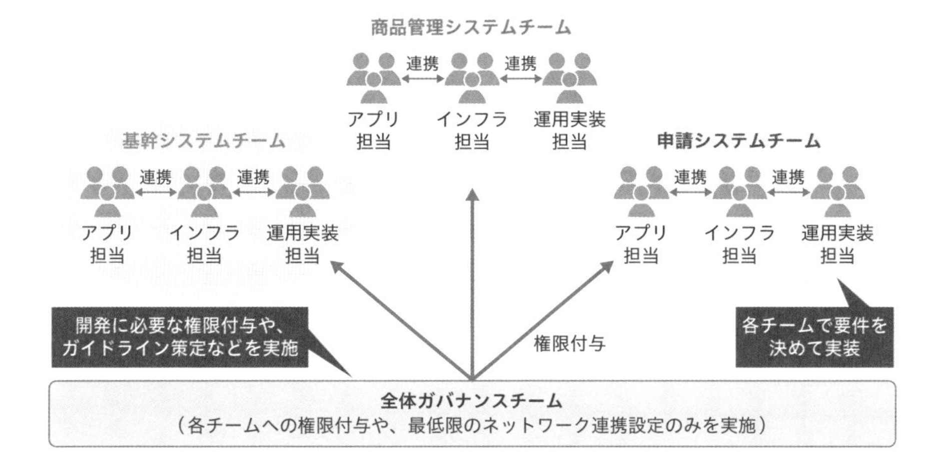

システム開発の内容によっては、**OSレイヤを基準にインフラとアプリケーションでチームを分ける方法**もあります。クラウドのアカウント取得からネットワーク設計、OSレイヤの設定までを一元的にインフラチームとして担当することで、余計なオーバーヘッドをなくすことに特化しています。その際、アプリケーションチームとは事前にスコープのすり合わせと、設計思想について合意形成を行っておきます。クラウドとはいえ構成から作り直しとなると時間がかかりますし、サーバーが追加となればプロジェクトの予算が足りなくなるリスクがあります。そのため、アプリケーションチームが利用したいOSやプロトコル、システムの性能要求などの非機能要件を認識合わせして、**大きな手戻りが生じない状況**を作っておきます。その結果として、インフラチームはごく少数の人数で基盤を提供できます。

システム規模や特性、新規開発なのか既存システムのクラウド移行なのかによっても、システム開発体制に求められる姿が変わってきます。円滑なプロジェクト推進のためにも、システム開発体制にもいくつかパターンがあることを知っておいていてください。

図1-7　インフラとアプリケーションでチームを分けた場合の担当範囲

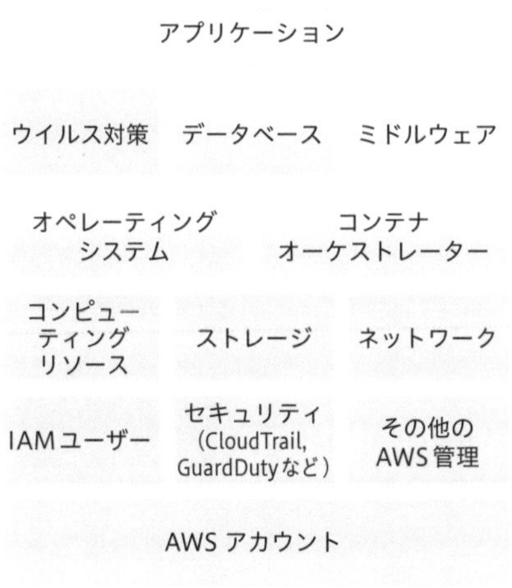

アプリケーションチームの担当範囲
OSレイヤより上位レイヤを担当する

✓アプリケーションの設計、構築、運用
✓ミドルウェアの設計、構築、運用
✓データベースの設計、構築、運用
（ただしAWSのマネージドサービスを使う場合はインフラチームにて設計、構築、運用を行う）
✓OSレイヤにおけるアプリケーション動作に必要な設定の設計、構築

インフラチームの担当範囲
OSレイヤより下位レイヤを担当する

✓AWSアカウントの用意
✓AWSコンソール上のユーザー、セキュリティ対策の設計、構築、運用
✓コンピューティングリソース、ストレージ、ネットワークの設計、構築、運用
✓OS、コンテナオーケストレーターの設計、構築、運用
✓ウイルス対策ソフト

第2章

アーキテクティングの考え方

クラウドシステムの全体像を検討する際に利用できる考え方や、参照できるドキュメントがあります。クラウド上で利用できるサービスの特徴についても正しく理解し、適切なものを選定しましょう。

2.1 アーキテクティングの必要性

ビジネスの目的を達成するためにシステム開発を企画するには、予算確保やシステムの実現妥当性の評価など、事前準備が必要です。そのためのインプットとして、利用する技術・サービスを選定し、システムの全体像(アーキテクチャ)を決めることを本書では「**アーキテクティング**」と呼びます。本節では、まずアーキテクチャのパターンを整理し、アーキテクティングによってわかるものは何かを示します。

2.1.1 アーキテクティングのパターン

システムのアーキテクチャを検討するにあたって、アーキテクチャのパターンを整理しましょう。大きくは3つあります。

- モノリシックアーキテクチャ
- サービス指向アーキテクチャ
- マイクロサービスアーキテクチャ

モノリシックアーキテクチャ

古くは**1つの独立したアプリケーションでビジネスロジックを展開するシステム構成**が主流でした。この構成を「**モノリシックアーキテクチャ**(monolithic architecture)」と呼びます。**モノリス**(monolith)とは大きな一枚岩の意味で、その名のとおり1つのアプリケーションで複数の機能を提供します。

モノリシックアーキテクチャのメリットは、ビジネスロジックを集約して1つにまとめているため、デプロイやデバッグが容易となる場合があることです。一方で、1つにまとまっていることがデメリットともなります。部分的なエラーが全体に波及して動作を停止してしまいますし、軽微な修正時にもアプリケーション全体をデプロイしなければなりません。また、特定の機能部分に負荷がかかった際にスケールアップしたい場合でも、アプリケーション全体をスケールアップしなければならず、キャパシティに無駄が生じます。

サービス指向アーキテクチャ

こうしたモノリシックアーキテクチャの欠点と、ビジネスロジックの複雑化を受けて、**複数のアプリケーションやシステムでビジネスロジックを提供するシステム構成**が考え出されました。これが「**サービス指向アーキテクチャ**」です。サービス指向アーキテクチャでは**エンタープライズサービスバス**を介してサービス間で連携を行います。これによって特定のサービスをスケールアップさせることは容易になりました。古い記事ですが、NASAのシステムにも採用されています(2-1)。しかし、サービス呼び出しの変換とワークフローの処理が複雑化したうえに、修正時にはモノリシックアーキテクチャと同様にアプリケーション全体を変更しなければなりませんでした。

2-1 Implementing Service Oriented Architecture (SOA) in the Enterprise
https://blogs.nasa.gov/NASA-CIO-Blog/2009/04/18/post_1240094600083/

マイクロサービスアーキテクチャ

サービス指向アーキテクチャと同様に**ビジネスロジックを細分化して個々のサービスとしたアーキテクチャ**として「**マイクロサービスアーキテクチャ**」が登場しました。マイクロサービスアーキテクチャでは個別のサービス同士は**API (Application Programming Interface)**を介して通信を行います。サービス指向アーキテクチャよりもいっそう細分化を進めることで、個々のサービスが独立してメンテナンス可能となっています。そのため、修正を要する際でも対象のサービスだけ修正コードをデプロイして完結できるようになりました。

3つのアーキテクチャを図示すると、**図2-1**のようになります。モノリシックアーキテクチャとなることが多いのは、**エンタープライズアプリケーション**を動かしたい場合や、**オンプレミスで動いていたアプリケーション**をそのままクラウドへリフトしたい場合などです。これらはアプリケーションの機能を細分化するのが困難なことも多いためです。サービス指向アーキテクチャは**データベースを共有しているため、データの同期などの処理が不要**となります。**複雑なデータ処理を行うシステム**に向くと言えます。最後にマイクロサービスアーキテクチャですが、サービス指向アーキテクチャと比べてより細分化が進んでいるため、データ同士の連携が難しく、**それぞれのデータベースでデータ内容が重複すること**があります。クラウド最適化を進めているプロジェクトの場合や、DevOpsによる継続的なアプリケーション開発を行う場合、機能ごとにパフォーマンスをスケールさせたい場合などに向きます。具体的には、ゲームやWebアプリケーションであればマイクロサービスアーキテクチャが最適と言えます。

図2-1 3種類のアーキテクチャの違い

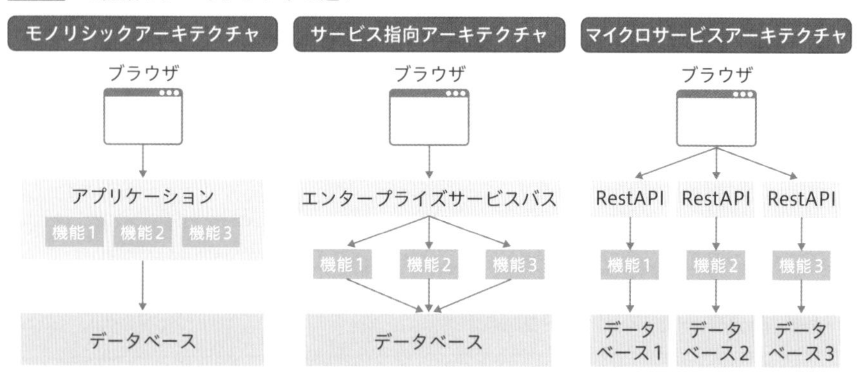

システムアーキテクティングの考え方をもとに、クラウドで構築したいシステムを具体的にAWSのどのサービスを使って作るのかを考えてみましょう。モノリシックアーキテクチャであれば、1台の巨大な仮想マシンにWebアプリやデータベースなどを内包させるか、もしくはWebサーバーとDBサーバーで構成されます。サービス指向アーキテクチャであれば、システムの機能ごとにコンテナ化を行ってデータベースを配置する構成が考えられます。マイクロサービスアーキ

テクチャであれば、それぞれの機能をコンテナサービスやFaaS（Function as a Service）上に実装し、それぞれの機能用にDBサーバーを用意します。

マイクロサービスアーキテクチャの具体例を、「ほげサンプル会社」のWebサイトを使って見てみましょう。ほげサンプル会社のWebサイトが**図2-2**のように5つの機能を持っていた場合、**表2-1**のようにサブドメインを分け、それぞれのサブドメインが「機能」となります。

図2-2 Webサイトの例

ほげサンプル会社のサイト　https://hogesample.com/

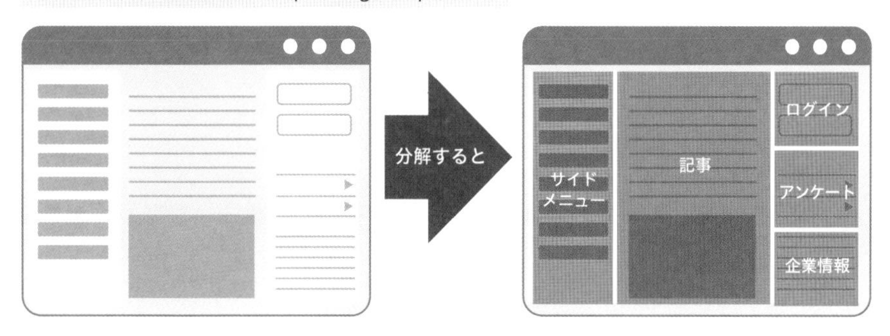

表2-1 機能ごとにサブドメインを分ける

Webサイトの機能	ドメインの設計	URL
メイン	ドメイン	https://hogesample.com/
サイドメニュー	サブドメイン	https://**side**.hogesample.com/
記事	サブドメイン	https://**article**.hogesample.com/
ログイン	サブドメイン	https://**login**.hogesample.com/
アンケート	サブドメイン	https://**an**.hogesample.com/
企業情報	サブドメイン	https://**about**.hogesample.com/

必要に応じてAWSアカウントを分離し開発体制を整えれば、マイクロ化されたサービスごとに、CI/CDなどといった継続開発、不具合の極小化と即時対応、キャンペーンなどの一時トラフィックの分離、クレジットカード情報や外部APIへの接続、重要な情報を処理する機能を分離できます。また、それぞれの重要度

によって、内製化で対応する、外部委託する、塩漬けにするなどといった判断も可能になります。

2.1.2 アーキテクティングからわかること

システムのアーキテクチャを考えることで、以下のことがわかります。

概算コスト

システムをAWSで作るとなったら真っ先に必要になるであろう情報は、**AWS上でシステムを稼働させたらいくらかかるのか？**だと思います。概算コストを見積もるためには、「AWSサービスの何をいくつ配置するのか」「どれぐらいの頻度で利用するか」などのパラメータが必要です。いずれのアーキテクチャにするかを考えることで、利用するAWSサービスを具体的にどのように配置するかをあらかじめ選択できます。

初期段階では詳細な利用条件などがわからないと思いますので、「24時間動かしっぱなし」「1時間当たりの処理件数は○○件」など**仮定条件**を置いて試算することになります。なお、費用だけではないクラウドのメリットもありますので、単純にオンプレミスのサーバー代とクラウドのランニングコストを比べないようにご注意ください(**8.1節「コストの観点」**で解説します)。

移行方式

オンプレミスからAWSへ移行する場合、AWS上のアーキテクチャを決めておかなければ、どのような**移行方式**がとれるかを決められません。移行方式によっては、システムで動かしたいOSやアプリケーションが移行できなかったり、システムの切り替えが希望する方式でできなかったりするリスクが生じます。また、移行するのは何もシステムだけでありません。**システムの保守運用方式**もクラウドに移行するため、既存の保守運用業務のうちそのまま活用できるものと、変更を要するものを整理する必要もあります。場合によっては運用業務が一新され、ビジネスへの影響が出ることもあります。

セキュリティや可用性

アーキテクチャが影響する点としては**セキュリティ**や**可用性**などもあります。例えばコンピューティングリソースとして仮想マシンサービスであるEC2を利用する場合と、コード実行サービスであるAWS Lambdaを利用する場合とでは、実施すべきセキュリティ対策や可用性対策は次のように変わってきます。

EC2を利用する場合

- OSレイヤのセキュリティ対策を利用者が行う必要がある
- EC2を複数のアベイラビリティゾーンに配置して可用性を確保するなどの設計・実装を利用者が行う必要がある

AWS Lambdaを利用する場合

- OSレイヤのセキュリティ対策はAWSの責任で、利用者が行う必要はない
- AWS Lambdaはリージョンサービスなので、アベイラビリティゾーン単位での可用性設計を利用者が行う必要はない

2.2 クラウドアーキテクチャの検討

前節で、システムアーキテクチャの一般論を紹介しました。では、クラウドでシステムを構築する場合、どういうパターンがあるのでしょうか。本書ではクラウドのどのサービスをどうつなげてシステムを実現するかを「**クラウドアーキテクチャ**」と呼ぶことにします。

2.2.1 IaaSオンリー

いわゆる**仮想マシン**を活用するシステムアーキテクチャをとることによって、OSの設定やミドルウェアの選定などを、クラウド利用者が好きに組み合わせることが可能です。クラウドへの移行パターンはいくつかありますが、オンプレミスでの考え方に近いことから、クラウドリフト時には最も多く選択されるアーキテクチャです。

OSレイヤから上を利用者が責任を持って設定します。自由度が高い半面、**OSのパッチ適用などの運用を利用者が行う必要があります**。また、可用性を確保するには**利用者がOSやミドルウェアの機能を設定する必要がある**など、システム構築に手間がかかります。一方で、オンプレミスでのシステム開発経験がある人であればノウハウをそのまま利用できるので、初めてクラウドでシステム構築を行う場合にはとっつきやすいアーキテクチャと言えるでしょう。

2.2.2 マネージドサービスを活用

AWSでシステムを構築するうえでぜひ活用したいのが、**マネージドサービス**と呼ばれる**OSおよびミドルウェアの設定・運用をAWSが行ってくれるサービス**です。OSやミドルウェアの**パッチ適用**だけでなく、**可用性確保**や**バックアップ**などがサービスとして提供されるので、利用者は利用したい機能を有効にするだけで済みます。

マネージドサービスもカテゴリによっては複数用意されているため、選択が難しい場面もあります。例えばコンテナを利用したいと思った場合は、Amazon EKS、Amazon ECS、AWS App Runnerという選択肢があります。

- **Amazon EKS**
  Kubernetesを使ってコンテナ管理ができるコンテナオーケストレーションサービスで、コントロールプレーンをマネージドサービスとして提供している
- **Amazon ECS**
  AWSが提供するコンテナのオーケストレーションサービスで、AWSが開発しているがゆえに他のAWSサービスとの親和性が高い
- **AWS App Runner**
  マネージドのコンテナサービスであるうえに、コンテナ運用にかかわるAWSサービス(例えばロードバランサーやコンテナの実行場所であるデータプレーンなど)を利用者からは一切意識する必要がない

このように、コンテナサービスひとつとっても3種類のサービスが提供されており、どれを選ぶかで開発期間や運用負荷の削減効果、ランニングコストに影響します。また、**技術的な制約**もそれぞれありますので、**机上でサービス間の違いを確認すること、実際に触ってみてその違いを評価しておくこと**をお勧めします。

メリットが大きいマネージドサービスですが、単純な費用だけ見ると**仮想マシンよりも割高**になりますし、**OSやミドルウェアの設定を利用者では変更できない**ため、要件によってはマネージドサービスが選択できない場合もあります。もちろん、マネージドサービスを利用することでパッチ適用などの保守作業が不要になるほか、可用性やセキュリティに対する設計・実装コストを削減できるので、トータルコストで考えて利用を選択できるようになりましょう。

2.3 クラウドアーキテクチャの参考資料

いざクラウドアーキテクチャを考えようと思っても、そもそもどう考えたらよいのかわからない、考慮漏れがないか不安だ、という場面があります。本節ではクラウドアーキテクチャを考える際に参考となるフレームワークやベストプラクティスの資料を紹介します。

2.3.1 AWS Well-Architected Framework

アーキテクティングの参考資料としてまず挙げられるのが、AWSが提供しているベストプラクティス集である「AWS Well-Architected Framework」です（2-2）。AWS Well-Architected Frameworkは**AWSソリューションアーキテクト**が長年さまざまな業種やユースケースでアーキテクチャの設計とレビューを行ってきた経験に基づいて積み上げられたベストプラクティス集で、**「運用」「セキュリティ」「信頼性」「パフォーマンス効率」「コストの最適化」「持続可能性」**の6つの観点でシステムのアーキテクチャがクラウドに最適化できているかを評価できます。

AWSマネジメントコンソール上で利用できる**AWS Well-Architected Tool**を利用することで、6つの分野において推奨事項に沿っているかを質問に回答していく形式でスコアリングできます。スコアリングの結果をもとに、不足している設計ポイントを改修するか、リスクを受け入れるかを判断しましょう。詳細は3.3.1項で解説します。

2-2 AWS Well-Architected Framework
https://docs.aws.amazon.com/ja_jp/wellarchitected/latest/framework/welcome.html

その他のツール

また、AWS Well-Architected Frameworkにはベストプラクティスの実装を体験できる**AWS Well-Architected Labs**や、特定の業界やテクノロジー領域に特化した**AWS Well-Architectedレンズ**もあります。

• AWS Well-Architected Labs

AWS Well-Architected Frameworkの各種チェック項目を確認していると、実装したほうがよいと感じつつも、どうやってAWS上に設定したらよいのかわからない項目もあるでしょう。そんなとき、**AWS Well-Architected Labs**（2-3）は実際にハンズオンを通じてAWS上での設定方法を学ぶことができます。

• AWS Well-Architectedレンズ

AWS Well-Architected Frameworkはシステム開発におけるベストプラクティスを提供してくれますが、例えば金融業界向けシステムではより厳しい監査要件がありますし、機械学習やハイパフォーマンスコンピューティング（高性能計算）を活用したいシステムとなると通常のベストプラクティスではカバーしきれないでしょう。**AWS Well-Architectedレンズ**は、こうした業界やテクノロジーに合わせてベストプラクティスを集約したものです。通常のAWS Well-Architected Frameworkに加えてこのAWS Well-Architectedレンズを活用することで、特定の領域に特化したシステムでも評価可能となります。

2-3　AWS Well-Architected Labs
https://www.wellarchitectedlabs.com/

2.3.2 AWSホワイトペーパーとガイド

AWSが提供しているドキュメントとしては、**AWSホワイトペーパーとガイド**（2-4）も情報源として活用できます。AWSホワイトペーパーとガイドには、テクニカルホワイトペーパーや技術ガイドだけでなく、参考資料、リファレンスアーキテクチャ図など幅広く情報がまとまっています。また、AWS Well-Architected Frameworkもここから検索可能です。技術カテゴリや業種でフィルタリングできるので、例えば「データベース」でフィルタリングしてデータベースの移行に関するガイダンスを見つけたり、「金融」でフィルタリングして金融サービスのワークロード（クラウドで実行されるアプリケーション、サービス、機能、一定量の作業）のアーキテクティングのベストプラクティスを探したり、といったことができます。

2-4 **AWSホワイトペーパーとガイド**
https://aws.amazon.com/jp/whitepapers/

2.3.3 AWS Trusted Advisorの活用

すでにAWSアカウント上に構築したシステムがAWSのベストプラクティスに即した設定になっているかを評価する方法として、**AWS Trusted Advisor**があります（2-5）。AWS Trusted AdvisorはAWSアカウントにおいて、**コスト最適化、セキュリティ、耐障害性、パフォーマンス、サービスクォータが、ベストプラクティスに沿っているか**を自動的にチェックします。利用者はチェック結果をもとに、AWSアカウントの設定の変更や、不要となったリソースの削除を行えます（**図2-3**）。

AWS Trusted Advisorはデフォルトで利用できるチェック項目に制限がかかっており、AWSサポートプランがデベロッパープランまでの場合は最低限のセキュリティチェックとサービスクォータの確認のみです。**ビジネスプラン以上のAWSサポートを有効化することですべてのチェック項目を利用できます**。AWSサポートは有償ですが、AWS Trusted AdvisorのチェックでAWSアカウントの保護ができるほか、AWSに関する問い合わせができることを考えると、ぜひ有効化しておきたいと言えます。

2-5 **AWS Trusted Advisor**
https://aws.amazon.com/jp/premiumsupport/technology/trusted-advisor/

図2-3 Trusted Advisorのレコメンデーション画面

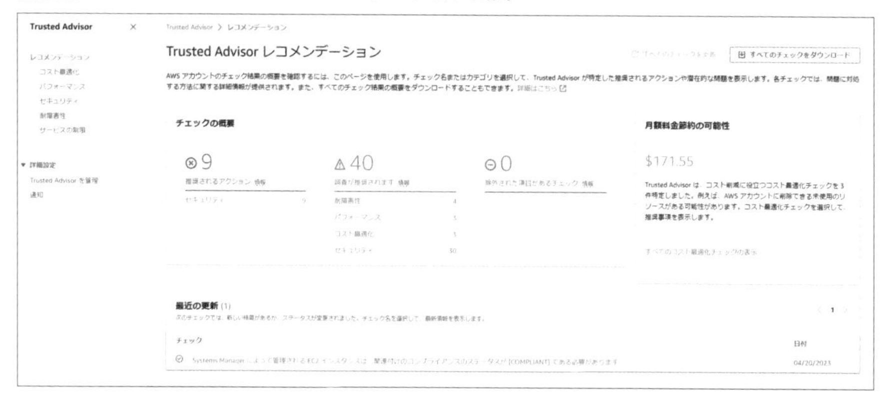

Trusted Advisorの使い方

Trusted Advisorの使い方を簡単に見てみましょう。レコメンデーション画面の左ペインから「**コスト最適化**」をクリックします。すると、AWSアカウント内でCPU使用率やネットワークIOの低いインスタンスや、利用されていないElastic IPアドレス、アイドル状態になっているRDSなど、**コストの無駄となりうるチェック項目に対してマッチしたリソース**を一覧で確認できます(**図2-4**)。各チェック項目を展開すれば具体的なインスタンスIDをはじめリソースを特定できる情報が提示されますので、不要であれば削除、もしくはインスタンスであればサイジングの変更を行うことで、コストの無駄をなくせます。

左ペインにある「**パフォーマンス**」や「**セキュリティ**」のメニューも同様で、それぞれベストプラクティスに即していないリソースがリストアップされます。利用者はピックアップされたリソースに対処を行うことで、より安全にAWSを活用できます。

図2-4　Trusted Advisorによるコスト最適化の提案

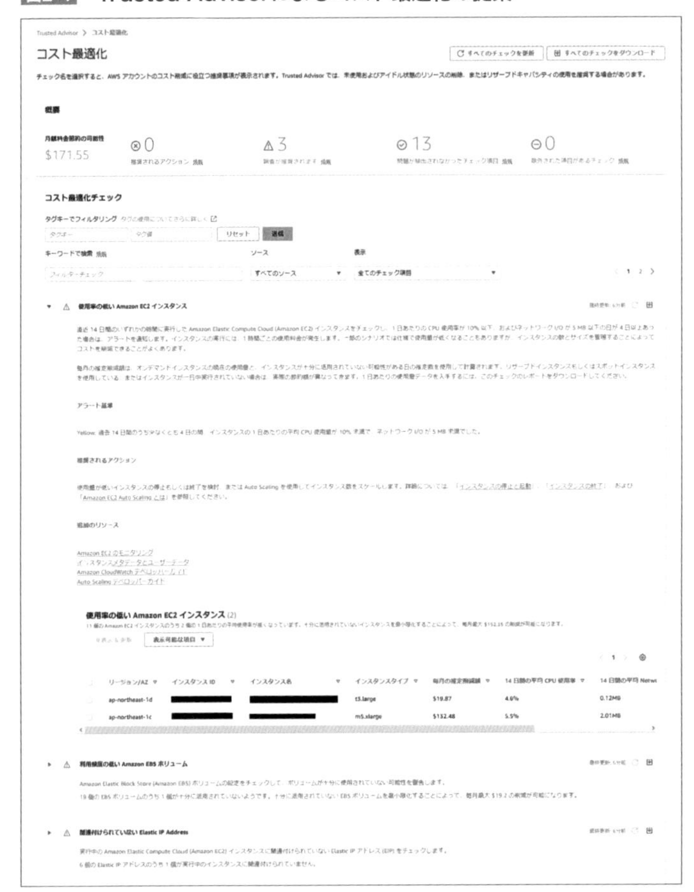

Trusted Advisorの通知機能

AWSサポートがビジネスプラン以上であれば、Trusted Advisorの**通知機能**を利用できます。設定は簡単で、チェックボックスにチェックを入れるだけです（**図2-5**）。通知先のメールアドレスはAWSマネジメントコンソールの「**アカウント**」の「**代替の連絡先**」にて設定可能です（**図2-6**）。通知のタイミングは木曜日か金曜日で、過去1週間のリソース構成に基づいてTrusted Advisorで検知した内容を通知してくれます。

図2-5 AWS Trusted Advisorの通知設定画面

図2-6 通知先のメールアドレスの設定

第3章

クラウドアーキテクティングとサービス選定

クラウドでシステムを作ると一口に言っても、作りたいシステムによって特徴も活用したいクラウドのメリットも異なります。この章ではシステムをクラウドで実装するために、クラウドのサービス選定のポイントを説明します。

3.1 対象サービスに適したアーキテクティング

クラウド上でシステムを構築するにあたって、まずは対象とするシステムを大きく2パターン見てみましょう。1つはエンタープライズ系のシステム、もう1つはECサイトやWebアプリなどのシステムです。両者のシステムを比較することで、クラウドにおける絶対的なアーキテクチャが存在せず、システム特性ごとにアーキテクチャを考慮する必要があるとわかるはずです。

3.1.1 エンタープライズ系システム(クラウド上)

エンタープライズ系のシステムでは、利用するアプリケーションが**パッケージ製品**であることが多く、コンテナなどマイクロサービスアーキテクチャでは対応できない場合があります。そのため、**EC2インスタンスを主軸にアーキテクチャを考える**必要があります。その場合でも**データベースはマネージドサービスを利用できるケースが多い**ため、アプリケーションの要件を確認しましょう。また、アプリケーションの**ライセンス形式**がクラウドに対応しているか確認しておく必要があります。物理コア数に比例して費用が生じるライセンス形態や、OSの識別子などに紐づいてしまうライセンス形態だと、クラウド上で利用すると費用が高額になったり、インスタンスイメージをコピーしてインスタンスを立ち上げてもアプリケーションが起動できなかったりすることがあります。

システムの利用者数などは事前に予想しやすいことが多く、**事前にコンピューティングリソースのサイジングを行いやすい**です。そのため、Auto Scalingによるコンピューティングリソースの増減は行わずに、サイジング結果をもとに必要なコンピューティングリソースを常時稼働させて、リザーブドインスタンスやSavings Plansを購入することでコスト削減が図れるケースが多いです。

エンタープライズ系システムは、リリース後に**アプリケーションの改修**はほとんど行わず、**セキュリティ対策などの必要最低限の改修になる**のも特徴です。そのため、**アプリケーションのデプロイの仕組みを作り込んでもほとんど使われない**ケースもあります。リリース後のアプリケーション改修がどの程度の頻度で見込まれるのかを試算したうえで、デプロイの仕組みを作り込むか、それとも運用対処で乗り切るのかを判断しましょう。

3.1.2 Webベースのモバイルアプリ

ECサイトやモバイルアプリケーション、ブラウザゲームなどのシステムは、**リリース前に利用者数を予測するのが困難**であることが特徴です。キャンペーン実施時には利用者が急増することも予想され、リリースしてから時間経過とともに利用者数が変動するので、**キャパシティ予測は行わずにAuto Scalingによりコンピューティングリソースを増減させるのが一般的**です。コンピューティングリソースには**コンテナ**もしくは**サーバーレス**を活用することで、柔軟なリソース増減が可能となります。システムの利用者数が安定してきたタイミングでベース利用分はリザーブドインスタンスやSavings Plansを購入し、突発的な利用者増に対してはオンデマンドインスタンスで対応する、というのが一般的です。

また、キャンペーンや新機能のリリースが頻繁に行われるため、**アプリケーションの改修が多いこと**もこれらのシステムの特徴です。そのため、**CI/CD（継続的インテグレーション/継続的デリバリー）パイプライン**が効果を発揮します。CI/CDパイプラインとは、ソフトウェアなどを開発するたびにテストを実施して、対象のサーバーへのデプロイを自動化する開発手法です。アプリケーションコードが改修されるたびに自動的にリリースまで実施されるので、システムリリース後も高い頻度でアプリケーションが改修されるシステムには必須の開発手法と言えます。

表3-1　2パターンのシステムの特徴比較

	エンタープライズ系システム	Webベースのモバイルアプリ
コンピューティングリソース	EC2が主軸	コンテナもしくはサーバーレスが主軸
利用者予測	比較的容易	困難
キャパシティプランニング	事前に実施	困難
アプリケーションの改修	ほぼ行わない	積極的に改修

3.2 システムを構築しようとする際の要件

システムを構築するきっかけは、さまざまなものがあります。例えば、既存システムのEOSL（End Of Service Life、サポート終了）や、ビジネスの変革に伴うシステム増強、運用保守の効率化、新規サービスの立ち上げなどです。システムをオンプレミスで作るかクラウドで作るかは、システムが求める要件がクラウドで実現できるか否かで判断する必要があります。「クラウドでシステムを作ること」が目的となってしまうと、クラウドのメリットを生かせないばかりか、オンプレミスで構築する場合よりもコストも運用負担も増ししてしまうことになりかねません。

本節では、まずはオンプレミスとクラウドで満たすことのできる要件を確認します。その後、システムをクラウドへ移行する際にどういう方法で移行できるのかを理解します。

3.2.1 クラウドネイティブな要件

システム開発においてクラウドが人気になった理由は、クラウドを使うことによるメリットが多数あるためです。クラウドでシステムを開発するにあたり、**クラウドで実現したい要件を決めておくこと**が、システムのアーキテクティングにおける前提となります。システムを開発・運用していてよくある課題に対して、クラウドを使うことでどう解決できるのかを見てみましょう。

①ハードウェアの運用から解放されたい

オンプレミスでシステムを運用していくうえで最も負担となるのが**ハードウェアの保守運用**です。ハードウェアは一定年数でサポートが切れるため、定期的なハードウェアの保守サービスの延長や、延長不可の場合はハードウェアの更改プロジェクトの立ち上げが必要となります。また、ハードウェアが故障した際にはシステムへの影響調査や、ハードウェア保守ベンダーによる機器交換のためにデータセンターへの入室申請対応、交換完了後の正常性確認、システム利用者への周知などを行わなければならず、ひとたび障害が発生すれば復旧までに多大な労力とシステム利用者からの信用毀損といった損害が予想されます。クラウドへシステムを構築することで、**ハードウェアの保守運用はクラウドベンダーの責任範囲**となるので、ハードウェアの保守期限や更改を意識する必要はなくなり、故障時の対応もクラウドベンダーが実施します。そのため、**開発者をアプリケーションの開発にあてがうこと**が可能となります。

一点注意として、ハードウェアは確かにクラウドベンダーの責任範囲ですが、そうであっても**ハードウェアは壊れます**。クラウド上にシステムを作る際には、仮想マシンが乗っているハードウェアが故障しても問題なくシステムが継続できるようにアーキテクティングしておく必要があります。

②キャパシティを自由に増減したい

オンプレミスのシステムのサイジングは**最大利用時**を想定しておかねばなりませんが、最大利用状態であり続けるシステムはまずありません。業務時間中しか利用しないシステムや、利用時期が明確に決まっているシステムなどをオンプレミスで構築すると、**利用数が少ない時間帯は無駄なコスト**となってしまいます。クラウドであれば、業務時間帯だけシステムを起動させる、繁忙期だけシステムを増強するといった**キャパシティの増減が容易**です。また、クラウドリソースを**使った分だけ課金される**仕組みなので、コストの無駄を削減できます。

③最小構成でシステムを始めたい

新規のサービス立ち上げのため必要なシステムサイジングが不明である場合、オンプレミスでシステムを作るとオーバースペックとなる、後からサーバーを追加することが難しくなる、などの課題が生じます。クラウドであれば仮想マシンが足りなくなれば即時に**追加**できますし、仮想マシンのスペックが足りなければより大きなスペックのものへ**置き換え**ることが簡単にできます。また、サービスが思ったように利用者を獲得できなければ、作った仮想マシンなどを**削除**するだけでシステムを容易に終了させられます。オンプレミスであればサービスが終了したら購入したサーバーなどの**除却損**が生じます。

④自動化を行いたい

システムをリリースして時間が経過すると、**保守運用業務の洗練化、定型化**が進みます。定型化可能な業務はツールなどを活用して**自動化**を行うことが可能ですが、オンプレミスのシステムだと新規ツールを導入するためのサーバーが用意できない、用意できたとしても定型業務を行わない間はリソースが余ってしまうなどの課題が生じます。クラウドであれば**運用に特化したサービス**が用意されており、**システムをリリースしてからサービスを追加することが可能**です。また、サーバーレスでコードを実行可能なFaaS（Function as a Service）やオーケストレーションサービスなどを組み合わせることで、複雑な処理も実装可能です。費用についても基本的には従量課金なので、定型業務を実行した回数分だけ課金がされます。

⑤開発速度を速めたい

オンプレミスでシステムを開発する際には、サーバーやストレージ、ネットワーク、ひいてはデータセンターの確保など、**開発に取り掛かるまでのリソース準備に数カ月単位の時間を要します**。クラウドであればクレジットカード情報を登録すれば即、仮想サーバーなどのコンピューティングリソースやストレージサービスを利用可能です。**必要になったらノータイムで必要なリソースを準備できる**のがクラウドのメリットです。また、開発が完了してサーバーなどが不要になったら**削除が簡単**であることもメリットです。

また、AWSをはじめとするクラウドサービスには**IaC**（Infrastructure as Code）という、**クラウドリソースをコードで作成することができるサービス**が揃っています。大量に仮想マシンを作りたい場合や、同じアーキテクチャを複数準備したい場合などはIaCを活用することで、仮想マシンをはじめとするリソースを短時間で準備することが可能です。

⑥全世界にシステムを展開したい

サービスをグローバルに展開したい場合、利用者が物理的に離れているために**ネットワーク速度**がネックとなります。サービス利用者が多い地域にデータセンターを用意してサービス展開をすることでこの課題を解決できますが、各国にデータセンターを準備することは容易ではありませんし、サービス提供に必要なハードウェアの調達からシステム開発までをそれぞれの国で実施するには莫大なコストがかかります。

クラウドは、**クラウドベンダーが各国にデータセンターを有しており**、利用者は要件に合う国のデータセンター上のリソースを使ってシステムを開発できます。AWSならば2023年5月現在、全世界31の地域に**リージョン**というデータセンターの集合体が展開されています（3-1）。利用者は好きなリージョンを選択してシステムを構築できるため、海外にもサービスを展開したい場合でもリソースの準備は簡単です。

3-1　AWSグローバルインフラストラクチャ
https://aws.amazon.com/jp/about-aws/global-infrastructure/

3.2.2 クラウドへの移行パターン

オンプレミスのシステムをクラウドへ移行すると一口に言っても、いくつかの**パターン**があります。どのように移行を進めるか戦略立案するためには、現行システムの仕様や移行スケジュール、移行時や移行後の費用対効果などについて網羅的に情報を集める必要があります。**間違っても「クラウドに移行すること」が目的となってはいけません**。クラウドへの移行は達成すべきビジネス課題を解決するためであるべきですので、それに見合った**最適な移行パス**を選択する必要があるからです。

移行パスの7パターン

まずは7パターンある**移行パス**を見てみましょう（**図3-1**）。

図3-1　移行パスの7パターン

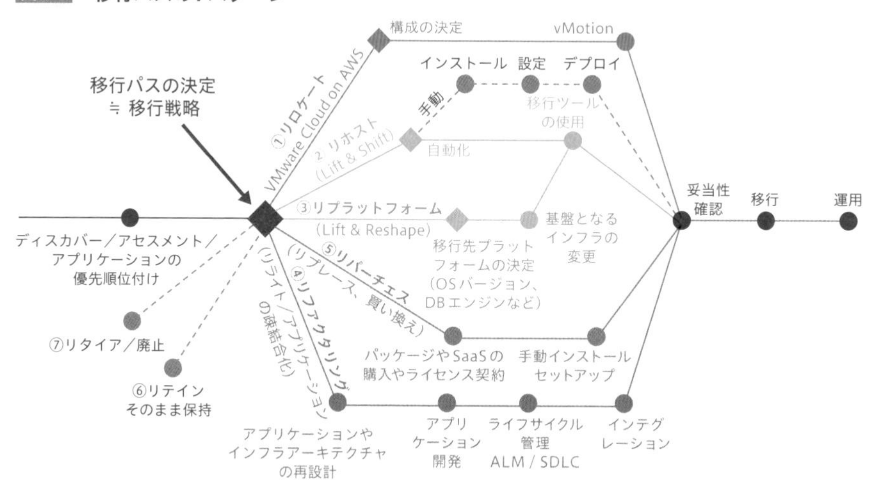

＊ALM（Application Lifecycle Management、アプリケーションライフサイクル管理）
＊SDLC（Systems Development Life Cycle、ソフトウェア開発ライフサイクル）

https://aws.amazon.com/jp/builders-flash/202011/migration-to-cloud-2/?awsf.filter-name=*allより引用

「**リロケート**」は**オンプレミス上で稼働している仮想マシンをそのままクラウドへ移すことで移行する**パターンです。**VMware Cloud on AWS**を活用することでVMware上の仮想マシンをAWSにそのままのアーキテクチャで移行できます。既存のアーキテクチャのままでの移行なので、検討事項が少なくて済みますが、クラウドならではの機能やサービスを活用できないことが多いです。

「**リホスト**」は最も一般的なクラウドへの移行パスで、**オンプレミスの仮想マシン上で稼働しているアプリケーションをクラウドの仮想マシンサービス（AWSならEC2）上で再構築**します。ハイパーバイザー以下の運用が不要になる、EC2インスタンスを複数のアベイラビリティゾーンに配置することで可用性が向上する、高負荷時に容易にインスタンスを増加できる拡張性を得る、などクラウドのメリットを享受できますが、移行後もOSレイヤのメンテナンスが必要だったりと既存システムの運用の煩雑さなどは継続します。

「**リプラットフォーム**」は**DBエンジンをOSS（Open Source Software）化**したり、Amazon RDSなどの**マネージドサービスを活用したアーキテクチャへと変更**したりします。データベースをマネージドサービス化することで運用コストの削減が期待できますが、移行コストやアプリケーションの変更が必要となります。

「リファクタリング」は**AWS Lambdaやコンテナサービス、マネージドサービスを最大限活用して、保守運用業務から解放**されます。その分、移行時には移行コストや時間がかかります。ここまではシステムをクラウド上へ移すという形態です。

「リパーチェス」は既存システムの業務要件を満たす**SaaSやパッケージを活用する**という移行方式です。SaaSなのでサーバーやアプリケーションの運用などは不要ですが、SaaSやパッケージが業務要件を100%満たすことは難しいため、業務フローの変更が必要になる、サービスに障害が生じた際には復旧を待つしかない、などのデメリットがあります。

「リテイン」は**クラウドへの移行を行わずにオンプレミスにシステムを残置する**という選択です。クラウドへの移行コストに対して移行後の運用コストなどのメリットが出ない場合や、クラウドでは要件を満たせない場合などはこちらの選択となります。

最後の選択肢は「リタイア」で、**システムそのものをなくしてしまう**という判断です。利用頻度が低くて維持負担が大きすぎるシステムや、他のシステムへと統合できると判断できた場合などに選択することになります。

移行パスごとのシステム構成の変化

移行パスごとにシステム構成がどう変わるのかを、簡単なWebシステムの構成で見てみましょう。オンプレミスではロードバランサー、Webサーバー、DBサーバーをそれぞれ物理筐体で持っていたとします。

リホストの場合

EC2にWebサーバーとDBサーバーを現行と同じOSやソフトウェアで構築します。オンプレミスと同じOSなどを利用するので、アプリケーションは変更不要、運用手順の大部分は再利用可能です。

リプラットフォームの場合

最新バージョンのOSやソフトウェアを使うほか、DBサーバーをAurora

MySQLに移行することでデータベースのコスト削減やOSレイヤの運用が不要となります。

● リファクタリングの場合

静的コンテンツはAmazon S3に配置し、動的なコンテンツはAmazon API Gatewayを経由してAWS Lambdaが生成します。アプリケーションは大規模に改修しなければならないので、移行時の開発コストは最もかかります。しかし、マネージドサービスを活用することでサーバーの保守運用がなくなるほか、AWS Lambdaは実行時のみ課金されるのでサーバーを配置するよりもランニングコストの削減が見込め、長期的に見れば開発コストを回収できます。

図3-2　移行パスに応じたアーキテクチャの例

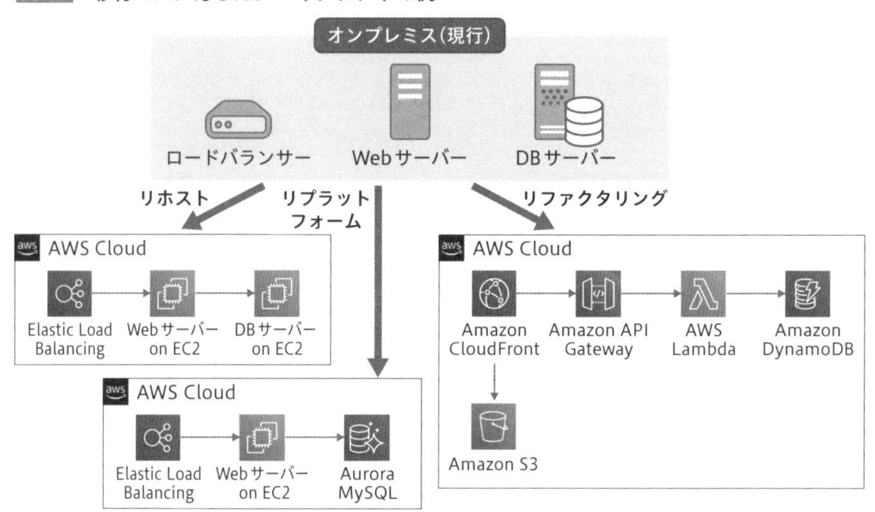

移行パスごとの難易度と運用コストの比較

これら7つの移行パスを**移行難易度**と**運用コスト効率**で比較すると、**図3-3**のようになります。リテインやリタイアはクラウドへ移行しないという判断ですので難易度は低いですが、**クラウドへ移行することで手離れできるはずだったハードウェアの保守運用やクラウドならではの可用性を受けられない**ので、運用コスト効率は低いままです。以降、リロケートからリファクタリングへと進むにしたがって移行時に検討するべき項目が増えるため、移行の複雑さが高まります。特にリパーチェス、リプラットフォーム、リファクタリングは、クラウド最適化のためのアプリケーションの再設計や運用の変更といった影響が大きいため複雑さは高くなりますが、ハードウェアやOSの保守運用からの解放やコンピューティングリソースの最適化によるコスト削減などクラウドならではのメリットが大きくなるため、運用コスト効率は良くなります。

図3-3 移行パスにおける移行の複雑さと運用コスト効率

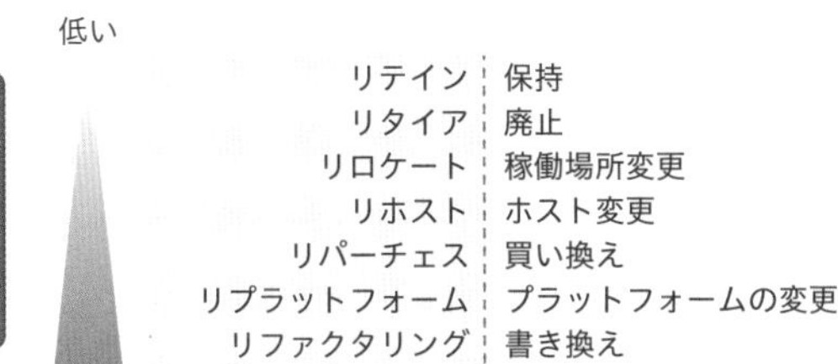

移行パスの選択方法

各移行パスの特徴や難易度をおわかりいただいたところで、最後に**どの移行パスを選ぶべきか**を整理します。整理した結果は読者の携わるプロジェクトごとに変わってきますが、**移行プロジェクトにおけるシステムの移行パス選択時のポリシー**として定めておけば、同様の移行プロジェクト時に同じことを再検討する手間が省けます。

エンタープライズアプリケーションを活用したい場合、**システム要件を満たすことができるか**が焦点となります。例えばデータベースへのアクセスに特殊な権限が必要な場合や、カーネルのチューニングが必要な場合、ライセンスが物理CPUに紐づく場合などは、マネージドサービスを活用できないことがあります。また、エンタープライズアプリケーションはコンテナに対応していないことも多いため、必然的にEC2上で動かさざるを得ないケースもあります。そのため、エンタープライズアプリケーションを動かしたい場合は**リホスト**か、OSのバージョンだけ最新化するといった**部分的なリプラットフォーム**で移行します。

Webアプリケーションであれば**ランタイム（runtime、実行されるプログラム群）が稼働する環境を用意できればよい**ので、**リプラットフォーム**や**リファクタリング**によってクラウドのメリットを生かすことができます。

一方で、クラウドで対応できない要件、例えばTCP/IPではなくレイヤ2で通信したい、独自のプロトコルで通信したい、極めて高いSLA（Service Level Agreement、サービス品質保証）を要求したい場合などは、クラウドでは対応できないので**リテイン**か**リタイア**を選択することになります。

このように、システムをどういう移行パスでクラウドへ移行するかを選択する方針をあらかじめ決めておいて、システムの移行検討時間を短縮することをお勧めします。

図3-4　移行パスの選択ポリシー例

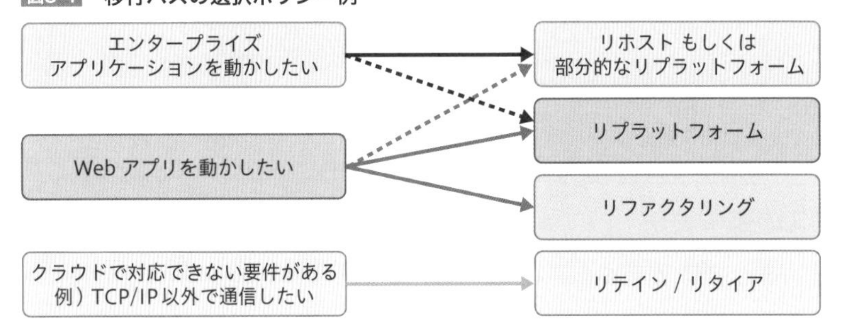

3.3 クラウドならではの構成を入れてみよう

オンプレミスであれば、実現したいシステムを設計するにあたってデータセンターを選定し、サーバーやネットワーク機器などの物理筐体を準備し、OS、ミドルウェア、アプリケーション開発をどのように組みわせていくかを検討します。これはクラウドでも同様ですが、クラウドではさまざまなサービスが用意されており、初心者はサービスの組み合わせを考えることが難しいです。本節ではサービスの組み合わせの際に参考になる知識や、検討すべきことをお伝えします。

3.3.1 Well-Architected Frameworkの活用

AWSでシステムを構築するにあたって、アーキテクティングの大前提となる考え方に「Design for Failure」があります(3-2)。この考え方はAmazonの最高技術責任者(CTO)であるWerner Vogels氏の格言「Everything fails all the time(すべてのものはいつでも故障しうる)」の精神に則り、**サービスに異常や障害が発生することを念頭に置いて設計の段階から対策を検討しておくべき**という考え方です。設計する際には、「障害が起こってもサービスが継続できる設計」だけでなく、「障害が起こった際に短時間で復旧できる仕組みの設計」も大切です。

Design for Failureの原則に従って設計できているかを確認するために便利なツールとして、**Well-Architected Framework**(3-3)があります。

3-2 **Design for Failure**
https://docs.aws.amazon.com/ja_jp/whitepapers/latest/running-containerized-microservices/design-for-failure.html

3-3 **AWS Well-Architected**
https://aws.amazon.com/jp/architecture/well-architected/

Well-Architected Frameworkは「運用上の優秀性」「セキュリティ」「信頼性」「パフォーマンス効率」「コスト最適化」「持続可能性」の6つの内容からなり、それぞれがAWSでシステムを構築するうえで**ベストプラクティスに沿っているか**を評価することができます。AWSマネジメントコンソール上から利用できる**AWS Well-Architected Tool**（**図3-5**）を使うと、質問に1つずつ答えていくことで設計がDesign for Failureの原則に従っているかを確認できます（**図3-6**）。

図3-5　Well-Architected Toolの画面

図3-6 Well-Architected Toolの評価結果例

チェックの結果から、クラウド上でシステムを動かすベストプラクティスに沿っているか否かを可視化し、リスクがある場合は対策を講じることが可能です。ただしここで、**リスク対策をすべて実施しないといけないかというと、必ずしもそうではありません**。評価の結果リスクがあるとわかったとしても、対策するには費用や時間がかかります。費用やかけられる時間、リスクがもとで発生するサービス影響による機会損失を比較して、**リスクを受け入れる**という判断をしてもよいでしょう。筆者の顧客の中には、ベストプラクティスとは異なる対策を実施することでリスク回避するという判断をされる方もいらっしゃいました。

大切なことは、設計にリスクが含まれていないかどうかを可視化し、**対策するかリスクを受け入れるかをひとつひとつ判断していく営みを行うこと**です。その際に、どういう理由でその判断をしたのかを記録しておくことで、時間が経ってからでもなぜその設計になっているのかを確認できます。

3.3.2 Auto Scalingを使うか否か

クラウドのメリットのひとつとして、コンピューティングをはじめとする各種リソースが必要となった際に即座に利用できる点があります。この最たる例がAuto Scalingであり、負荷状況に応じてEC2などコンピューティングリソースを自動的に増減するサービスです。クラウドに構築したシステムの利用者数が予測できない場合などは、キャパシティプランニングが難しいため、**あえてプランニングをしないでAuto Scalingの拡張性に任せること**ができます。

一見すると万能に見えるAuto Scalingですが、欠点もあります。1つ目として、Auto Scalingでのコンピューティングリソースの増減には**システムのモニタリング**が必要になるのですが、**増減のきっかけとするメトリクスの条件設定が難しい点**があります。例えば単純に**CPU使用率**を契機としたとき、CPU使用率の増減の理由が利用者数の増減でなかった場合に、不必要にリソースを増減させてしまうことがあります。具体的な事例として、メッセージングアプリのSlackの障害では、ネットワーク障害による応答時間の増加によってスレッド使用率が高まったためにインスタンスを増加させたものの、新しいインスタンスのプロビジョニング（構成とテストなど）のための通信が障害のあるネットワーク上で行われたために、さらなる負荷の急上昇を招いたということです（3-4）。CPU使用率増減の真因がネットワークの障害であるため、CPU使用率の増加に基づいてインスタンス数を増加させたことがかえって事態を悪化させたということになります。

3-4 Slack's Outage on January 4th 2021
https://slack.engineering/slacks-outage-on-january-4th-2021/

2つ目は**アプリケーションがAuto Scalingに対応できないことがある点**です。アプリケーションが個別にリクエスト処理結果を保有するような仕組みだと、Auto Scaling時にインスタンスが終了となるとリクエスト処理結果も同様に消えてしまいます。また、Auto Scalingによるインスタンスの増加は、AMI（Amazonマシンイメージ）からのインスタンス生成となります。これがエンタープライズア

プリケーションのライセンス体系によってはライセンス違反になる、アプリケーションが正常に起動しなくなる、などのリスクがあります。利用するアプリケーションがAuto Scalingの要件を満たしているかを確認し、**Auto Scalingを使うか否かはプロジェクトの早い段階で意思決定しておくこと**が重要です。またスクラッチでアプリケーションを作る場合でも、**Auto Scalingを使うことをアプリケーション開発者と認識合わせをしたうえで実装を行うこと**が大切です。

3つ目はクラウドの従量課金を狙った攻撃、**EDoS**(Economic Denial of Sustainability)が増えてきていることです。DoS攻撃(Denial of Service Attack)やDDoS攻撃(Distributed Denial of Service Attack)は攻撃対象のシステムに高負荷をかけることでサービス提供を止めさせる攻撃で、なじみがある方も多いと思います。一方、EDoS攻撃は**従量課金方式であるクラウドなどの仕組みを狙ってシステムに高負荷をかけることでシステム保有者に金銭的負担をかけさせることを目的とした攻撃**です。システムへのリクエストが大量に届けばAuto Scalingによってコンピューティングリソースが増加するため、不必要にクラウド利用料を支払わなければならなくなる、といった具合です。これはAuto Scalingに限った話ではなく、Amazon S3やAPI Gatewayなど、実行回数に比例して課金されるサービスは同様のリスクを持ちます。対策としては次のようなものがあります。

- Auto Scalingで増加させるインスタンス数に上限値を設ける
- Amazon CloudFrontによるキャッシュを利用してコンピューティングリソースへの負荷を下げる
- 利用コストにしきい値を設けてモニタリングする

またコストの観点で言えば、年間を通して安定的に処理を行うようなシステムであれば無理にAuto Scalingを活用せず、事前にキャパシティ設計を行ってSavings Plansやリザーブドインスタンスを手配したほうがコスト削減になりえます。

Auto Scalingは必要時に必要なコンピューティングリソースを用意できる仕組みの代表格であり、使いこなせばパフォーマンスの維持、コスト抑制の強力な武器となります。ここで見てきたような落とし穴に注意して、上手に活用してください。検討の結果、使わないと判断をするのも戦略です。

3.3.3 マネージドサービスを使うか否か

クラウドを利用することでハードウェアの保守運用から解放されますが、Amazon RDSなど**マネージドサービス**を活用すれば**OSなどの保守もAWSに任せられます**。そのため、可能な限りマネージドサービスを使うアーキテクチャにすれば、クラウド利用者は本来注力すべきアプリケーションの開発に専念できる、というのが一般的によく言われます。確かにマネージドサービスを活用することで得られるメリットはそのとおりですが、一方でデメリットもあります。

マネージドサービスゆえにアップデートや仕様変更はクラウド利用者からはコントロールできないため、**仕様変更を行いたくない、いわゆる「塩漬け」システムには不向き**です。また、マネージドサービスによっては**機能を制限されている、もしくはクラウド利用者からは利用できないもの**もあります。例えばマネージドサービスでは、OSのカーネルに変更を加えることはできません。そのため、利用するアプリケーションによってはマネージドサービスと連携させられない場合もあります。その際にはEC2にてマネージドサービスで使っているソフトウェアなどを導入する必要があります。筆者自身も、企画段階ではRDSを使う予定だったものの、利用予定のエンタープライズアプリケーションがRDSでは動作保証がなされないことがわかったため、要件定義段階でデータベースをEC2での稼働へ変更した経験があります。

マネージドサービスは**利用者からは変更できない項目があること、AWSがバージョンアップや仕様変更をコントロールすること**を理解したうえで活用しましょう。

3.3.4 VPC同士のつなぎ方

AWS上にシステムを構築するには、AWS上に仮想サーバーなどを配置するための**ネットワーク**が必要です。仮想ネットワークを提供するサービスとして**Amazon VPC**があります。1つのVPCにさまざまな役割のシステムを混在させることはVPC内部の通信制御を煩雑にするなどの理由から、**いくつかのVPC、さらには複数のAWSアカウントに分けてシステムを配置するのが一般的**です。VPC同士は独立したネットワーク空間であるため、異なるシステム間で勝手に通信を行うことはありません。しかし、VPCをまたがった通信が必要になることがあります。VPC同士を接続する方法として「**VPCピアリング**」と「**AWS Transit Gateway**」があります。

VPCピアリング

VPCピアリングはその名のとおり、**VPC同士を接続する機能**です。接続したVPC同士はそれぞれのVPCにおいて対向のVPCのCIDRへのルーティングを設定することで、相手側のVPC上の仮想サーバーなどへの通信を可能にします。

VPCピアリングの特徴として、VPCをまたがった通信はできません。例えばVPC AとVPC B、VPC BとVPC CがそれぞれVPCピアリングしている場合、VPC AとVPC Cは通信ができません（VPC Bを経由させることはできません）。そのためVPC AとVPC CもVPCピアリングを結ぶ必要があります。3つのVPCであれば3接続のVPCピアリングですが、接続したいVPCが4つ、5つと増えると、必要なVPCピアリング数が6接続、10接続と増えていきます。N個のVPCを全部VPCピアリングで接続した場合、**VPCピアリングの数はN×(N-1)÷2個**となり、VPCの数が増えれば増えるほどVPCピアリングの管理が煩雑となります。そんなときは、もう1つのVPC間の接続サービスであるAWS Transit Gatewayを利用します。

図3-7　4つのVPCをVPCピアリングで接続した場合の構成図

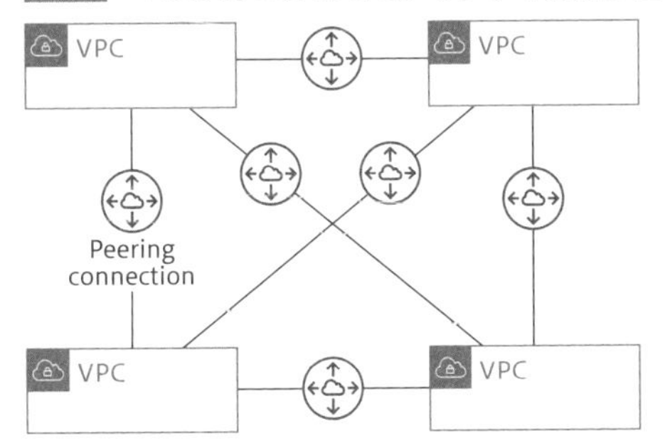

AWS Transit Gateway

AWS Transit Gatewayは**VPC同士を接続するネットワークハブ機能**を提供し

ます。多数のVPCを接続する必要がある場合には、Transit Gatewayに各VPCを接続させてルーティング設定を行うことでVPC間の通信ができるようになります。VPCピアリングの場合はVPCが増えると対向のVPCとのピアリングを必要数だけ作って、各VPCにてルーティング設定を行いますが、Transit Gatewayなら**VPCの数が増えてもTransit Gateway上のルーティングテーブルが自動的にVPCを追加する**ため運用が簡単です。また、**AWS Direct Connect**や**VPN接続**などオンプレミスとの接続もつなぐことが可能です。

図3-8　4つのVPCをTransit Gatewayで接続した場合の構成図

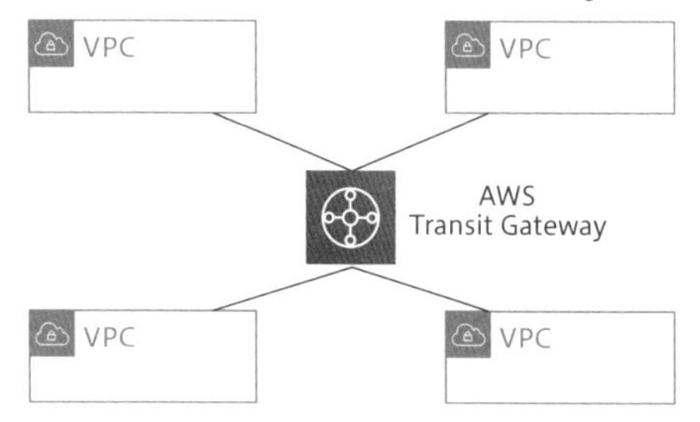

VPCピアリングとTransit Gatewayの使い分け

ここまでの話だと、Transit Gatewayのほうがオンプレミスとの接続も扱えるうえにVPC同士の接続管理が容易になるので、VPCピアリングを選択する必要がないように思うかもしれません。しかし、VPCピアリングとTransit Gatewayでは異なる点があります(**表3-2**)。まず、VPCピアリングは帯域制限が無いのに対してTransit Gatewayは50Gbpsが上限です。次に、Transit Gatewayはレイテンシー(通信の遅延時間)がVPCピアリングと比較して悪くなります。さらに、接続先のVPCで作成されたセキュリティグループを許可対象に含めることができません。費用面ではVPCピアリングはデータ転送料のみがかかるのに対して、Transit Gatewayは時間単位のアタッチメント数、トラフィックの処理費用が追加で課金されます(3-5)。このように**VPCピアリングのほうが優れている点もあります**ので、VPCの数やどのVPC同士を接続する必要があるかを考慮しながら、両者を使い分けるとよいでしょう。

表3-2 VPCピアリングとTransit Gatewayの特徴比較

	VPCピアリング	Transit Gateway
アーキテクチャ	フルメッシュ型	Transit Gatewayを中心としたハブ&スポーク型
複雑さ	VPCの数だけ接続が必要	構成と管理がシンプル
接続数	1つのVPCにつき、最大125個のピアリング	1つのリージョンにつき5000個のアタッチメント
レイテンシー	低い	1ホップとしてカウント
帯域幅	制限無し	50Gbps/アタッチメント
可視化	VPCフローログ	VPCフローログ
		Transit Gateway Network Manager
		CloudWatchメトリクス
セキュリティグループの参照	可能	不可
料金	データ転送料金（同一AZの通信であれば無料※）	アタッチメントの時間課金 + データ処理料金

※https://aws.amazon.com/jp/about-aws/whats-new/2021/05/amazon-vpc-announces-pricing-change-for-vpc-peering/

3-5 Transit VPC solution
https://docs.aws.amazon.com/ja_jp/whitepapers/latest/building-scalable-secure-multi-vpc-network-infrastructure/transit-vpc-solution.html

3.3.5 オンプレミスとの接続

システムをクラウドへ構築するにあたって、クラウドだけで完結できればよいですが、既存のオンプレミス上のシステムとの連携が必要な場合や、オンプレミスからの移行時にデータ転送が必要な場合などには、オンプレミスとクラウドのネットワークを接続する必要があります。そうした場合は**専用線**を用いるか、**AWS Site-to-Site VPN**にて接続することになります。それぞれの違いを見てみましょう。

専用線(AWS Direct Connect)

AWSとデータセンターを接続する専用線サービスとして**AWS Direct Connect**があります。データセンターと書きましたが、正確には**Direct Connectのロケーションを提供する企業のデータセンター**です(3-6)。AWS利用者が使っているデータセンターではありません。利用者が使っているデータセンターとDirect Connectロケーションとの間は別途WAN回線や専用線を引く必要があります(3-7)。なおDirect Connectのロケーションを提供するパートナー企業によっては**ロケーション内にサーバーなどのリソース配置が可能な場合もあります**ので、利用すればAWSと物理サーバーの間を低遅延で通信させることが可能です。

図3-9　AWS Direct Connectの提供範囲と利用者の調達範囲

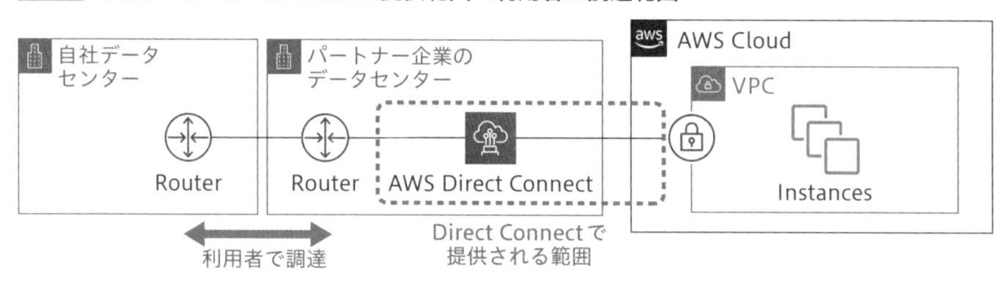

AWS Direct Connectにおける接続の方式は「**占有型**」と「**共有型**」の2パターンあります(**図3-10**)。**占有型**はその名のとおり、利用者専用の接続を構築する方法です。回線速度は1Gbps、10Gbpsまたは100Gbpsから選択できます。なお、**利用したいリージョンによっては最大の100Gbpsが利用できない場合もあります**ので事前に確認しておきましょう。**共有型**はAWS Direct Connectデリバリーパートナーが AWSとの間に敷設しているDirect Connect回線を複数の利用者で共有する形式です。50Mbpsから最大10Gbpsまで選択できますが、**利用するAWS Direct Connectパートナーによって変わります**ので、利用を考えているパートナーに確認しましょう。また、Transit GatewayとDirect Connectを組み合わせてオンプレミスとVPC間のトラフィックを管理したいと考えている場合、**共有型の接続の場合にはTransit GatewayとDirect Connectを直接接続できない制限があります**のでご注意ください(3-8)

3-6 **AWS Direct Connect Locations**
https://aws.amazon.com/jp/directconnect/locations/

3-7 **AWS Direct Connectデリバリーパートナー**
https://aws.amazon.com/jp/directconnect/partners/

3-8 **“共有型”AWS Direct Connectでも使えるAWS Transit Gateway**
https://aws.amazon.com/jp/blogs/news/aws-transit-gateway-with-shared-directconnect/

図3-10 Direct Connectの占有型と共有型の違い

占有型のイメージ

共有型のイメージ

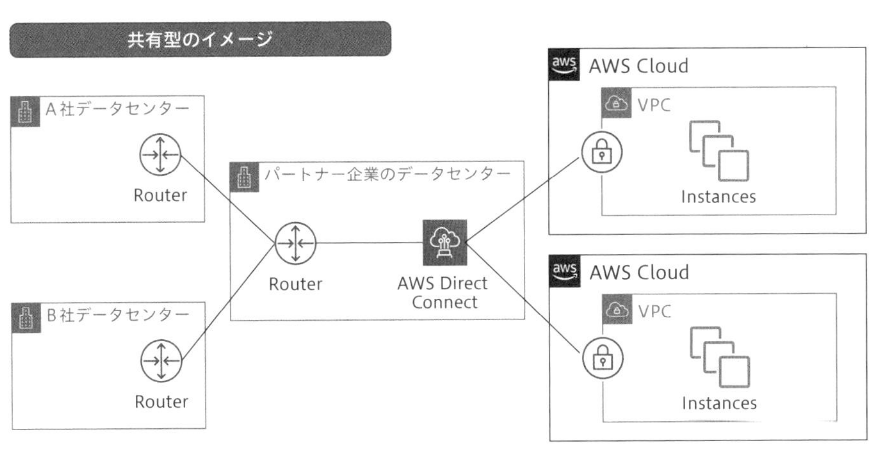

・**専用線にすれば暗号化不要とは限らない**

専用線にすればセキュリティが確保されているので安全といった記事をたまに見かけますが、**利用者データセンターとパートナー企業のデータセンター間の接続がWANであるなら、その間の接続はセキュリティ対策が必要**です。また、共有型接続の場合、**物理回線は複数の利用者で共有している**ことになりますので、完全に対策不要でよいかは利用者にて判断する必要があります。システムによっては準拠すべき基準・標準などで通信の暗号化などが必須の場合がありますので、専用線だから暗号化しないと判断してよいかは準拠すべき基準をよく確認しましょう。

AWS Site-to-Site VPN

AWS Site-to-Site VPNは、利用者のデータセンターなどの拠点とAWSの間を**IPsec VPN接続**で接続するサービスです。AWS側はマネージドサービスとなるので運用は不要ですが、**拠点側に配置するVPNを提供するアプライアンスは利用者自身で運用する必要があります**。専用線と比べると短いリードタイムで敷設可能なことがメリットですが、一般回線を利用するため帯域が安定しないというデメリットがあります。また、回線に障害が起こった場合にも接続できなくなりますので、**複数の回線事業者を利用してSite-to-Site VPNを複数敷設する**など対策が必要となります。

図3-11 Site-to-Site VPNの構成図

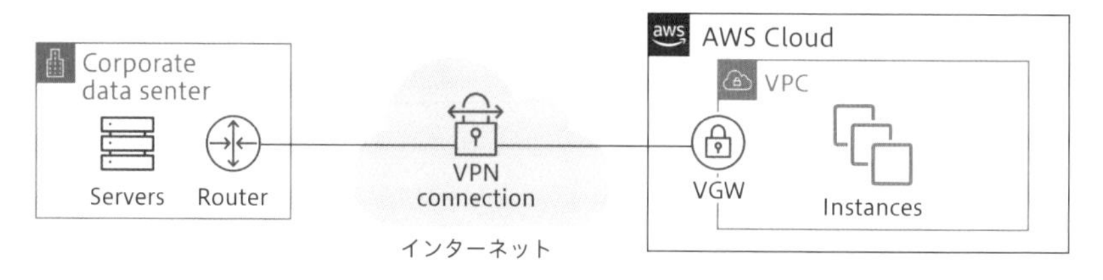

オンプレミスとの接続を冗長化

・**専用線(Direct Connect)の冗長化**

専用線が1本しかないと耐障害性に乏しいので、専用線を**冗長化**する必要があります。Direct Connectを提供するパートナー企業を複数契約して、それぞれと利用者のデータセンターを接続しておくと、片方の専用線を含むネットワークのどこかで障害が生じたとしても、もう片方でデータセンターとAWS間の接続を維持できます。Direct Connectを提供するパートナー企業のデータセンターのロケーションを東京と大阪のように地理的に離しておくと、リージョン規模の障害に備えられます。その際にはAWS上のシステムも東京と大阪に構築しておくなど、災害対策が必要となります。

図3-12 オンプレミスとAWS間の接続冗長化パターン

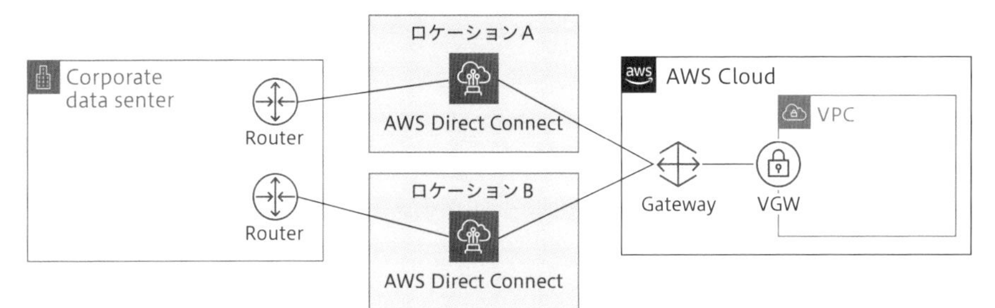

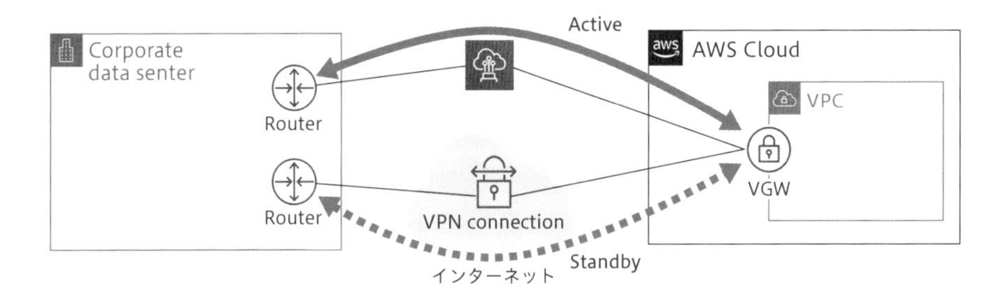

• Direct ConnectとSite-to-Site VPNを組み合わせる

オンプレミスとの接続を冗長化するパターンとして、正常系の接続はDirect Connectを利用し、待機系はSite-to-Site VPNを使う、という構成も可能です。この構成の場合、AWSからオンプレミスへの通信は常にDirect Connectを優先します。万が一の場合に備えるコストに十分予算が確保できない場合などに有効な手段ですが、回線品質がボトルネックとなります。Site-to-Site VPNの最大帯域は1.25Gbps（3-9）ですが、Site-to-Site VPNはインターネット回線を利用するので、必ずしも1.25Gbpsが安定して保証されるわけではありません。そのため、必然的に**オンプレミスとAWSとの間の通信に影響が出ます**。エンタープライズなシステムであれば、専用線を2本用意しておくほうが事業継続性上、良い設計と言えます。コストの都合で専用線とVPN接続を組み合わせて冗長化を行う場合には、専用線に障害が発生してVPN接続に切り替わった際の帯域制限下で、どの通信を優先させるべきなのか、つまり**システムの縮退をあらかじめ定義しておく必要があります**。

3-9 Site-to-Site VPNのクォータ
https://docs.aws.amazon.com/ja_jp/vpn/latest/s2svpn/vpn-limits.html

3.3.6 マルチリージョン、マルチクラウドは必要か

顧客にクラウドでのシステムを提案していると、「**リスクを分散するために、複数のクラウドにシステムを分散配置したい**」という要望を受けることがあります。1社のクラウドサービスのみを利用していて障害が発生したときを想定して、複数のクラウドにシステムを置きたい、という気持ちはわかります。しかし、まずは**1社のクラウドの1つのリージョンで、複数のアベイラビリティゾーンを使ってシステムを構築すること**を考えるべきです。複数のアベイラビリティゾーンを利用するだけで、分散したデータセンターでシステムを構築していることと同義であるため、データセンター規模の障害には備えることができています。

複数のアベイラビリティゾーンを利用してもSLA（サービス品質保証）が要件を満たせない場合や、レイテンシー（通信の遅延時間）に課題がある場合には、**複数のリージョンにシステムを構築すること**を検討します。一番ネックとなるのは**利用コスト**で、2つ以上のリージョンに同じ配置をするのですから、費用は2倍以上かかってしまいます。また、**技術的な課題**も生じます。例えばリージョン間でリクエストをどう振り分けるか、リージョン間のデータ同期をどうするかなど、システム要件の実現が技術的に難しくなります。また、**リージョンごとに提供しているサービスや機能が異なる**ので、利用したいサービスや機能がシステム展開を予定している各リージョンで使用可能かどうかを確認しておかなければなりません。最後に、それぞれのリージョンのシステムを運用監視する必要があるため、**運用業務**は煩雑になります。

複数のクラウドサービスを活用してシステムを作るとなったら、マルチリージョン以上に技術的難易度は高くなります。例えば、同じデータベースに各クラウドのマネージドサービスを利用する場合、仕様や利用者が変更できるパラメータが異なるために、完全に同じものが用意できるとは限りません。そのため、各クラウド間の差分を吸収するために開発工数が増加します。また、各クラウドサービス間でデータの同期などを行うには、それぞれのクラウドサービスに作った仮想ネットワーク同士を接続する必要があります。個別のクラウドサービスのリージョン間同士の接続であれば、クラウドサービスの内部ネットワークを利用するために回線速度は高速ですが、**クラウドサービス同士の接続はVPNなどを利用する**ことになりますので、**限られた回線速度でデータ同期をいかに実現するか**が重要な課題となります。

3.3.7 アップデート方式の検討

クラウド上のシステムを運用していくにあたり避けて通れないイベントが、セキュリティパッチの適用やアプリケーションの更新といった、**システムのアップデート**です。システムのアップデートには再起動が必要となる場合や、アップデートによってシステムが正常に動作しなくなったために切り戻したい場合などがあります。一方で、システムのアップデート作業に手間をかければかけるほど運用作業費用がかさみます。サービス停止を受け入れてアップデートする、縮退しながらサービスを止めずにアップデートするなどパターンがありますので、ここでシステムのアップデート方式を整理しましょう。

システムアップデートの4方式

システムアップデートの方式は大きく4つあります(**表3-3**)。

「All at Once」は**すべてのサーバーに一括でアップデートを行う方法**です。待ち時間が少なくて済むうえに、追加でリソースを準備する必要がないことが強みです。一方で、すべてのサーバーにアップデートをしているので、問題が生じて切り戻しを行う際にはバックアップからの復元が必要です。また、アップデート時にサービスの停止が発生します。

2つ目の「Rolling」は**アップデート対象を複数のグループに分けて、グループごとにアップデートを行います**。こちらもリソースの追加は不要なうえに、アップデートしないグループのみでサービス提供を継続することが可能です。デメリットとしては、こちらもアップデートを行ったリソースに不具合が生じた場合はバックアップから復元しなければならないので、切り戻しは困難です。ただ、アップデート前のリソースが残っている可能性があるため、All at Onceと比べればサービスを縮退運転で継続できます。

3つ目の「Blue/Green」は**現環境のリソースと同じ分のアップデート済みリソースを新環境として用意し、あるタイミングで利用者のアクセスを現環境から新環境へと切り替えます**。サービスを停止することなくアップデート済みのリソースへと移行でき、万が一切り戻す場合にも現環境が残っているので、利用者のアクセスの宛先を元に戻すことで復旧が可能です。デメリットとしては、一時的なリソース増加と切り替えまでの準備などのコストがかかること、データベースのスキーマ変更のようなアップデートの場合は切り戻しができなくなる可能性があることが挙げられます。

最後は「Canary」というアップデート方式で、**現環境のリソースにアップデートをしたリソースを徐々に追加していって、段階的にアップデートしたリソースへと切り替えていく方式**です。メリット・デメリットはBlue/Green方式とほぼ同様ですが、違いとしてはBlue/Green方式は全利用者が一斉にアップデート済みのリソースへと切り替わるのに対し、Canary方式は一部の利用者だけが新環境を利用して、残りの利用者は現環境を継続利用します。

いずれの方式もメリット・デメリットがありますので、アップデート頻度や運用体制、費用などを考慮してアップデート方式を定め、運用訓練をしておきましょう。

表3-3 システムのアップデートパターン

	All at Once	Rolling	Blue/Green	Canary
概要図	全サーバーにて一括でアップデート 利用者 利用者 時間の流れ	グループに分けてアップデート 利用者 利用者 利用者 時間の流れ	新環境を用意し、切り替え 利用者 利用者 利用者 時間の流れ	徐々に新環境へと切り替え 利用者 利用者 利用者 利用者 時間の流れ
メリット	・追加リソース不要 ・短時間	・追加リソース不要 ・サービス停止無し	・サービス停止無し ・切り戻しが容易	・サービス停止無し ・切り戻しが容易
デメリット	・切り戻しが困難 ・サービス停止が発生	・切り戻しが困難（All at Onceに比べれば容易）	・追加のリソースが必要 ・切り替えまでの準備が必要 ・データベースの切り替えがネック	・追加のリソースが必要 ・切り替え完了まで継続的に対応が必要

3.3.8 AWSマーケットプレイスの活用

AWS上にシステムを構築する際に、エンタープライズアプリケーションやオンプレミスで利用しているベンダー製品をAWS上で利用したい場合もあります。そうした際にAWSマーケットプレイス（3-10）を利用すると、**AWS上で使用可能なライセンスなどを購入することが可能**です。提供のパターンはベンダーごとにさまざまで、仮想マシンとして提供されるもの、仮想マシンにインストール可能なエージェント形式で提供されるもの、などがあります。導入前に利用方法などをよく確認してください。

3-10　AWSマーケットプレイス
https://aws.amazon.com/marketplace

AWSマーケットプレイスのメリットとして、クリックすれば即時で利用が可能となるため、調達時間が不要な点が挙げられます。利用料の支払いはAWS経由で請求され、2023年5月現在、AWSの利用料とは別にマーケットプレイスでの利用料の請求書が届くようになっているので、それぞれの利用料が明確に区別できます。デメリットとしては、各製品に関する問い合わせ先はAWSサポートではなく、あくまでベンダーの問い合わせ窓口となるため、受付時間や対応言語は各ベンダーによって異なります。

AWS上にベンダー製品を導入するのに、AWSマーケットプレイスを利用しない方法もあります。製品にもよりますが、ベンダーもしくは販売代理店から直接ライセンスを購入してAWSのEC2インスタンス上で動作させられるアプリケーションなどもあります。この場合、問い合わせ先などはベンダーもしくは販売代理店になりますが、担当営業がついていれば製品導入の背景なども伝わっているために問い合わせがスムーズに解決できる場合があります。また、日本の法人や販売代理店から購入していれば日本語でのやりとりが可能になる可能性があります。デメリットとしては、調達までに時間がかかってしまうことが挙げられます。

図3-4　ベンダー製品をAWS上で使用する場合の購入方法

	AWS マーケットプレイスで購入する場合	BYOLの場合
概要	クリックのみで購入可能 AWS Marketplace → AMI → Amazon EC2	ベンダーや販売代理店経由で調達 製品ベンダー → 販売代理店 → Amazon EC2
メリット・デメリット	・即座に利用可能 ・月々の利用料はAWS経由で支払い ・AWSサポートは利用できないこともある ・ベンダーによるが、問い合わせ窓口は英語のみが多い	・調達に時間を要する ・利用料はライセンスによって一括支払い or サブスクリプション支払い ・問い合わせ窓口はベンダーか販売代理店のため、日本語問い合わせが可能

3.4 機能要件と非機能要件の整理

システムを開発するからには、何かしら実現したい処理や表示、操作といった**要件**があるはずで、それをあらかじめ整理しておく必要があります。要件は2つに大別され、入力した情報を保存したい、利用者ごとに異なる画面を表示したいといった機能に関する**機能要件**と、システムを可能な限り動かし続けたい、何秒以内で処理を完了させたいといった機能ではない要件である**非機能要件**があります。本節では、要件を整理するうえで参考になる情報を解説します。

3.4.1 機能要件の整理

機能要件とは、**システムを開発してサービスを提供するために必要な要求事項をまとめたもの**です。例えばECサイトであれば商品の検索機能を有すること、IoTと連携するデータ分析用のシステムであればセンサーの出力する形式のデータを取り込めること、会計業務システムであれば作成した帳票を出力できること、といった**業務を行ううえでシステムにて実現しなければならない機能の一覧**となります。

業務を行うために必要な要件となるため、クラウドに求められる機能要件というものはあまり列挙されないかと思います。考えられるものとして、例えば特定のプロトコルが求められるアプリケーションが動作できることが条件であれば、クラウドが対応しているかを確認する必要があります。

3.4.2 非機能要件の整理

非機能要件とは、**システムを維持・継続するために必要な要求事項をまとめたも**

のです。システム維持に必要な要求事項として、**性能要件**や**可用性**などが考えられます。クラウドでのシステム開発においても基本は**IPAの非機能要求グレード**（3-11）を使って要件を整理すると、抜け漏れなく洗い出すことが可能です。他にも、非機能要件はさまざまな参考ドキュメントがありますので、検索サイトなどで探して類似のものを探して参考にすると便利です（3-12、3-13、3-14）。

非機能要件で注意すべき点としては、**クラウドの機能だけで実施できる非機能要件とアプリケーションを含めて実装しなければ実現できない非機能要件がある点**です。例えば可用性要件を満たすために、複数のアベイラビリティゾーンにインスタンスを展開してロードバランサーにてリクエストを振り分けるように構築しておくと、コンピューティングリソース上は問題なく可用性を確保できます。しかし、アプリケーションにて処理中のデータが個別のインスタンスにある場合にインスタンスに障害が生じれば、ロードバランサー上は正常なインスタンスにリクエストを振り分けることができますが、処理中のデータ情報は引き継がれないために再処理が必要になります。処理が中断、再処理化してしまうことを許容するか否かはシステムによりますが、許容できない場合は処理中のデータをアプリケーション間で共有できるようなアーキテクチャにする、同じサーバーにリクエストを振り続ける機能であるスティッキーセッションを無効化する、などの対策が考えられます。

3-11 システム構築の上流工程強化（非機能要求グレード）紹介ページ
https://www.ipa.go.jp/sec/softwareengineering/reports/20100416.html

3-12 セキュリティ関連NIST文書について
https://www.ipa.go.jp/security/publications/nist/

3-13 クラウドサービス利用のための情報セキュリティマネジメントガイドライン 2013年度版
https://www.meti.go.jp/policy/netsecurity/downloadfiles/cloudsec2013fy.pdf

3-14 情報システムに係る政府調達におけるセキュリティ要件策定マニュアル
https://www.nisc.go.jp/policy/group/general/sbd_sakutei.html

3.5 実装計画時と運用計画時の留意点

クラウドでシステム開発を行った結果として、期待していたほどコストが下がらなかった、運用負荷が軽減できなかったなど、失敗事例をよく聞きます。クラウド化がうまくいかない理由は、利用するサービスが分散してしまって管理が煩雑になる、システムごとに個別設計をしたために同じ運用方式で運用できないなど、さまざまです。本節では、クラウドでのシステム開発時に定めておくとよいクラウド利用や運用の方針の設定について解説します。

3.5.1 なぜクラウドでシステムを作るのかを明確にする

クラウドでシステムを構築する際には、移行することで得られるさまざまなメリットのうち、**優先順位**を決めておきましょう。クラウドに移行することによるメリットは3.2.1項で見たとおり、ハードウェアの保守運用から解放されること、必要時にコンピューティングリソースを増減させることによるコスト削減、容易に複数のデータセンター上にシステムを作れるという可用性向上など、さまざまです。こうしたメリットを全部享受したいところですが、必要な開発コストが増加したり、システムの規模に対してかかるランニングコストがかえって増加したりと、クラウドのメリットが生かせない場合があります。例えば、ハードウェア保守から解放されるために、クラウドに対応していないアプリケーションをクラウド上で無理やり動作させようとすれば、大規模なアプリケーション開発が必要となってしまい、運用コストが下がったとしてもコスト回収までに膨大な時間がかかってしまいます。また、社内利用の止まったとしても問題ないような小規模システムにもベストプラクティスに従って冗長化を実施すると、クラウド利用料は高くなってしまいます。

筆者がクラウドへのシステム移行を支援する際には、「**トレードオフスライダー**」の考え方を利用して、**クラウドでシステムを構築するにあたっての優先順位**をあらかじめ決めておきます。トレードオフスライダーとは、優先順位を決定するための仕様です。コスト、運用負荷、セキュリティ、利用時間、可用性などのパラメータに対して、どういう順位付けで優先するかを**プロジェクトチーム全体で事前に認識合わせしておきます**。パラメータはプロジェクト特性によっても変わってきますので、一概にこのパラメータでよいというものはありません。しかし、**品質、コスト、開発期間**（いわゆるQCD）に加えて、**スコープ**（システムに持たせる機能要件など）の4つは必ず入れておくべきと筆者は考えています。

トレードオフスライダーの重要な点として、**すべてのパラメータで順位は異なるもの**を設定します。同じ順位は設定させません。そうすることで、あれもこれも全部実現したいという事態を避けられます。例えば、セキュリティを最優先に選んだとしたら、セキュリティ対策には十分な費用と開発期間をあてがいます。一方、コストを最優先に選択したら、優先順位の低いもの、例えば可用性の優先度が低ければ可用性を削減します。セキュリティ、可用性、その他諸々の要件を全部実現したいけれど、お金はかけたくない、という都合のいい話はありえません。必要なコストをかけられないのであれば、スコープを縮小する他ありません。トレードオフスライダーは何を優先すべきかの意思決定を明確化するためのツールとなります。

図3-13 トレードオフスライダー

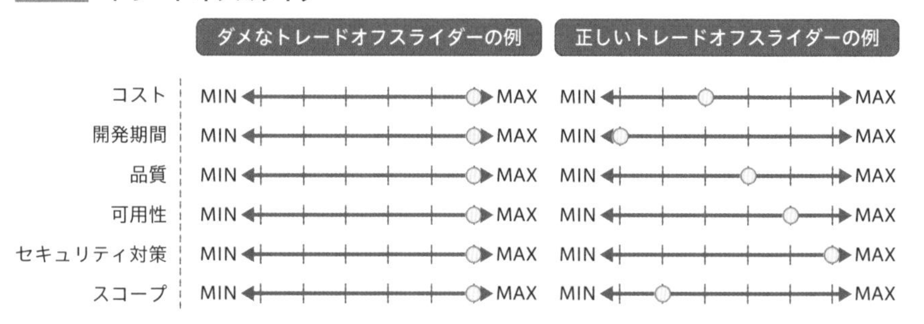

3.5.2 クラウド利用方針の策定

プロジェクトや部門でAWSを利用する場合、利用者が好き勝手にリソースを作ってしまって管理ができなくなる、利用部門内部で異なる方法でシステムを作ってしまったために運用負担が増加した、といったことが起こりえます。こうした事態を避けるために**利用方針**を定めて、プロジェクトや部門内で共通認識を持てるようにしましょう。

なお、ガバナンスをかけるという観点では**予防的統制**によって**利用者が逸脱行為をできないようにすること**、**発見的統制**によって**誤った設定により脆弱な状態になっているリソースを検知して安全な状態にすること**も併せて行うのを忘れないでください。

利用方針の考え方

クラウド利用方針としては、いくつかパターンがあります。例えばサンドボックス（ソフトウェア開発のテスト環境）としてクラウドを利用しているのであれば、次のような方針を定める必要があります。

- 利用期間は90日
- 業務時間以降に起動している仮想マシンは強制シャットダウンする
- 会社のグローバルIPアドレスからAWSマネジメントコンソールへアクセスしたときにだけ操作権限を割り当てる
- 作成するリソースに作成日のタグを付与する
- 機密情報を含むファイルなどをクラウドストレージに保管しない

これらは方針として定めるだけでなく、**方針を逸脱したら自動的にクラウドを利用できなくする**ようにしておくとよいでしょう。

図3-5 クラウド利用方針と対策の例

カテゴリ	方針例	実施する対策例
データ保護	データは日本国内に格納すること	東京リージョンもしくは大阪リージョンのみ利用するように制限する
	データは暗号化すること	各ストレージサービスの暗号化を有効にする
不正利用対策	利用期間は90日	期間を過ぎたユーザーの操作権限をはく奪する
	会社のグローバルIPアドレスからのみAWSマネジメントコンソールへアクセス可能とする	IAMポリシーでIPアクセス制限をかける
	機密情報を含むファイルなどをS3などに保管しない	S3のパブリックアクセス設定を不可にする
コスト管理	業務時間以降に起動している仮想マシンは強制シャットダウンする	Amazon EventBridgeなどを利用して、定めた時間になったら仮想マシンをシャットダウンする
	作成するリソースに作成日のタグを付与する	利用期間を過ぎたリソースは自動的に削除する

エンタープライズシステムのためにAWSを利用するのであれば、もう少し具体的な利用方針を定める必要があります。複数のシステムをAWSで運用するのであれば、**利用するAWSサービスをなるべく揃える**ことで、設計を流用できる、運用負担を軽減できる、などのメリットがあります。この観点でコンピューティングリソースとデータベースの利用方針を決めるとすれば、次のように定めることができます。

- コンテナ利用を原則とし、オーケストレーターはECS、コンテナの実行環境にはAWS Fargateを基本構成とする
- データベースはマネージドサービスを原則利用する

非機能要件であれば、ストレージサービスであるS3のサーバーサイド暗号化の方式が2パターンありますが、共通ルールとして「SSE-S3を利用する」と定めたり、バックアップの取得は「システムの個別要件がない限り、毎日0時にバックアップを取得して7世代保持する」として決めておけば、AWSの機能で同じルールを各システムに展開することが可能です。

3.5.3 AWS サービスのアップデート時の対応方針

AWSのサービスは年間を通じてアップデートや新機能のリリースが行われ、2020年には2,757件以上のサービスアップデートがありました。中には、複数のサービスを組み合わせて実装していたものが1つのサービスで実現可能になるものや、新サービスを使えば運用などオペレーションが効率化できるものなど、**既存のアーキテクチャを変えてしまうようなアップデート**もありました。単純に費用の改定も行われており、何もせずともコスト削減ができているケースもあります。

すでにAWS上でシステムを動かしている場合、**サービスアップデートを自システムに適用するかどうかはひとつの分水嶺となります**。新サービスを適用することでコストカットや運用改善が見込めますが、既存システムへの影響を慎重に確認しておく必要があります。

サービスアップデート情報のキャッチアップ方法

最後に、サービスアップデート情報のキャッチアップ方法を紹介します。AWSのサービスアップデートは「**AWSの最新情報**」(3-15)のページに日々追加されていきます。しかし、単純計算で毎日平均7個以上のアップデートがありますので、毎日チェックするのは量的に負担になります。また、最新情報は英語しかなく、日本語に翻訳された記事は数日遅れになります。そこで、最新情報のキャッチアップにお勧めしたいのは、前週にあったサービスアップデートをまとめて案内してくれる「**週刊AWS**」(3-16)です。1週間でリリースされたアップデート情報が簡単な日本語の説明とともに1ページでまとまっているため、1週間分のアップデート全体をつかむのにちょうどよい情報量です。また、詳細を知りたいアップデートがあれば、詳細説明へリンクされているので追加確認も容易です。

イベント系でのキャッチアップも重要です。**AWS re:Invent**はAWSが開催する最大のイベントで、5日間にわたってAWSの最新アップデートやハンズオンなどさまざまなセッション、ワークショップを通じてAWSの技術に触れることができます。オフラインで参加する場合には米国ラスベガスにまで行く必要があるため費用がかかりますが、AWSを利用している世界中のエンジニアたちが集まる場所の熱量を肌で感じられます。アップデート情報の入手だけでなく、AWSを学ぶことのモチベーション向上や、同じAWSを使う人とのコミュニケーションにと、得られるものは計り知れません。

3-15　AWSの最新情報
https://aws.amazon.com/jp/new/

3-16　週刊AWS
https://aws.amazon.com/jp/blogs/news/tag/週刊aws/

3.6 システムの概算見積もりの作成

クラウドが従量課金制といえども、一般的な企業であればシステム開発には予算を確保して臨む必要があります。システム開発を受注する開発ベンダー側であれば、システムの概算費用の提示が求められるでしょう。本節では、まずAWS Pricing Calculatorの使い方を簡単に紹介したうえで、見積もりを作る際のポイントを紹介します。

3.6.1 AWS Pricing Calculatorの使い方

クラウドで作るシステムのアーキテクチャ、最低でも必要な仮想マシンなどコンピューティングリソースのサイジングがわかったら、**AWSの見積もりツール**を使ってどれぐらいの料金になるか試算しましょう。また、これから予算取りを行う人で、見積もったことがない人も、仮想マシンだけでもよいので一度AWSの見積もりツールを触ってみることをお勧めします。理由は、**見積もり時にどういうパラメータが必要なのかをあらかじめ知っておくことで、予算取りのために何を決めておかなければいけないのかがわかる**からです。実際の見積もり試算の営みは、アーキテクチャを策定したうえで必要なリソースのパラメータを決めて、見積もりツールを使った試算をして、予算感に合わなければアーキテクチャやリソースパラメータを変更することの繰り返しです。

図3-14 AWS利用料の概算算出の営み

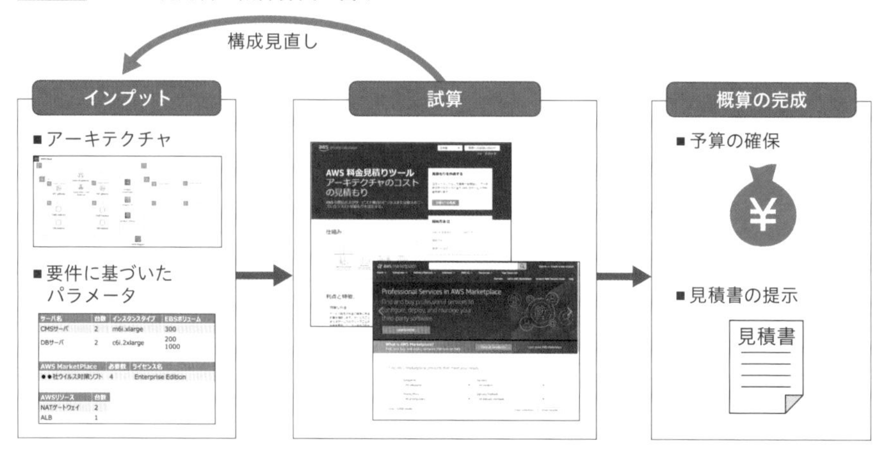

見積もりツールの使い方

では見積もりツールの使い方を、簡単のために**インスタンスタイプm6i.xlarge、EBSボリューム300GBの仮想マシンを毎日12時間起動する**と仮定してAWS Pricing Calculator（3-17）で試算してみましょう。

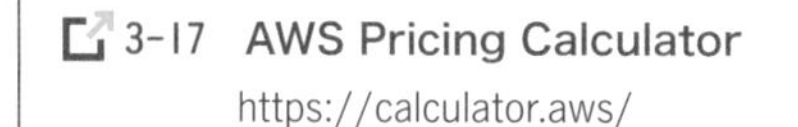

3-17 AWS Pricing Calculator
https://calculator.aws/

AWS Pricing Calculatorのページから「**見積もりの作成**」ボタンをクリックします。サービスの選択画面に遷移するので、リージョンを「**アジアパシフィック（東京）**」に設定のうえで、サービス検索窓に「**EC2**」と入力します。Amazon EC2が出てくるので、「**設定**」ボタンをクリックします。

図3-15　サービスの選択

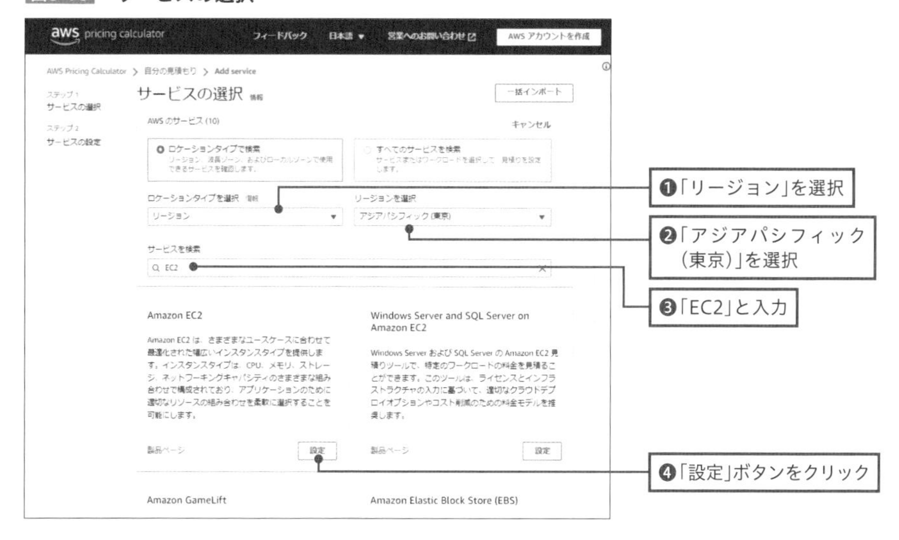

Amazon EC2の見積もり作成画面になります。「オペレーティングシステム」のリストから利用したいOSを選択します。

図3-16　OSの選択

インスタンスファミリー、vCPU数、メモリサイズを選択すると、インスタンス一覧が絞られますので、その中から利用したいインスタンスタイプを選択します。

図3-17　インスタンスタイプの選択

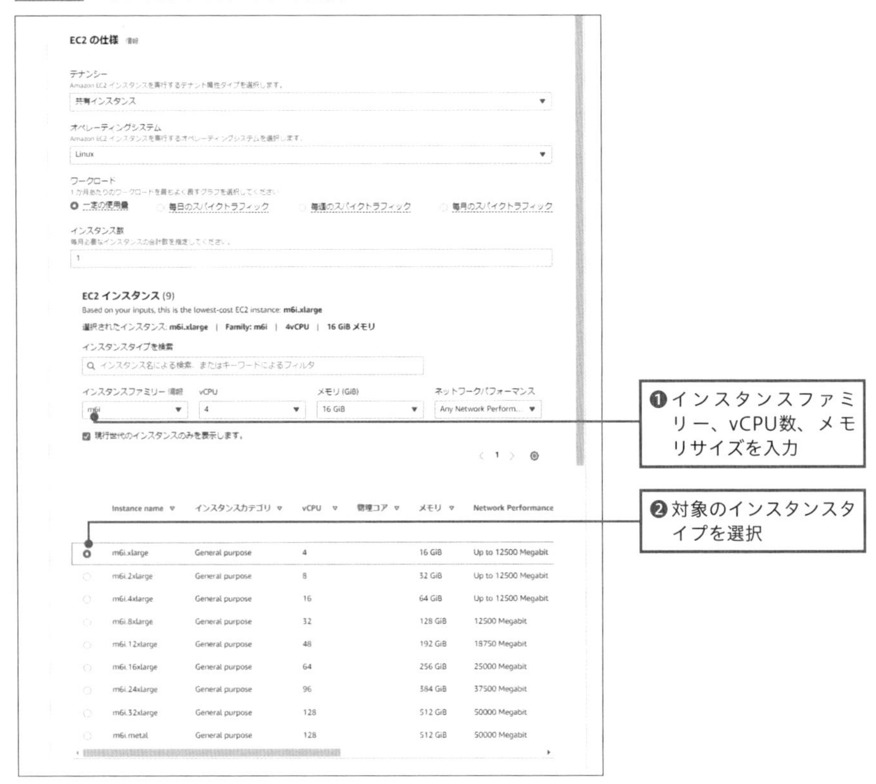

支払いのオプションから、利用するオプションを選択します。今回の例では毎日12時間の稼働を条件にしていますので、「**オンデマンド**」を選択します。使用状況には「**12**」を入力、使用タイプは「**Hours/Day**」を選択します。

図3-18 お支払いオプション

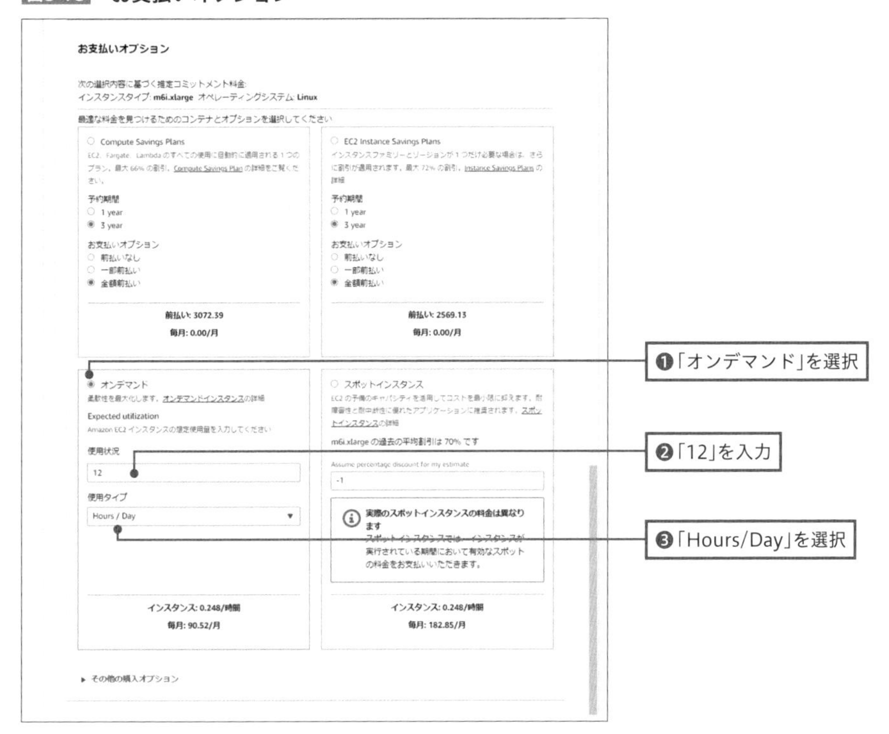

最後に、EBSボリュームのオプションを展開します。ストレージ量に「**300**」を入力します。設定値を確認したら「**サービスを保存して追加**」ボタンをクリックします。

図3-19　EBSオプション

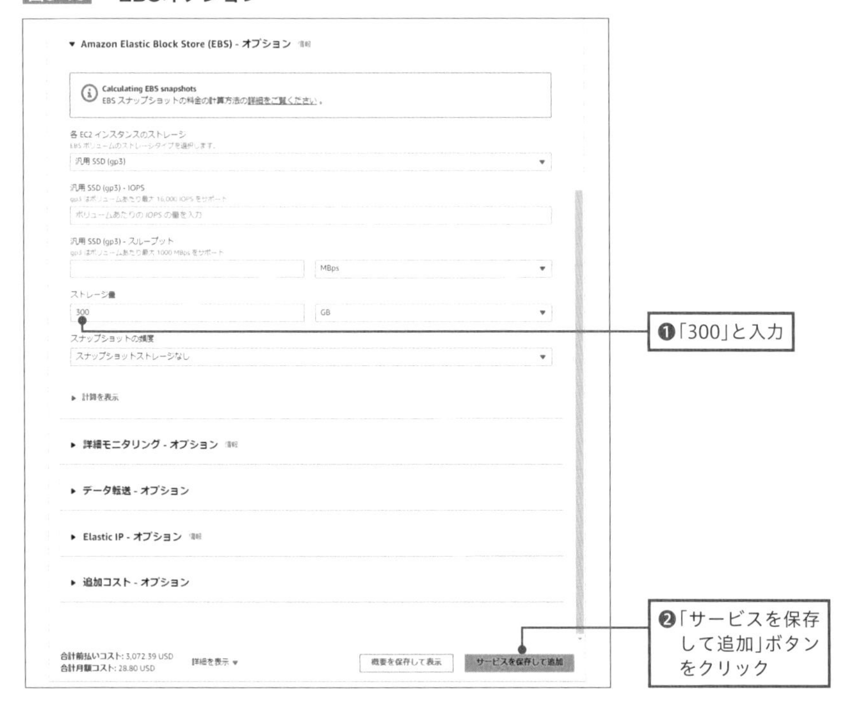

「**自分の見積もり**」から見積もりの結果を確認できます。

図3-20　自分の見積もり

作成した見積もりはcsvなどの形式で出力できますし、「**共有**」ボタンから見積もりの内容をAWSのサーバー上に保存できます。途中で中断したい場合やレビューをお願いしたい場合などに「**共有**」からURLを生成しておくとよいでしょう。注意点として**URLを生成した見積もりはパブリックにアクセス可能となる**ので、説明欄などに具体的なシステム名や顧客情報などは書かないようにしましょう。

図3-21 見積もりを保存

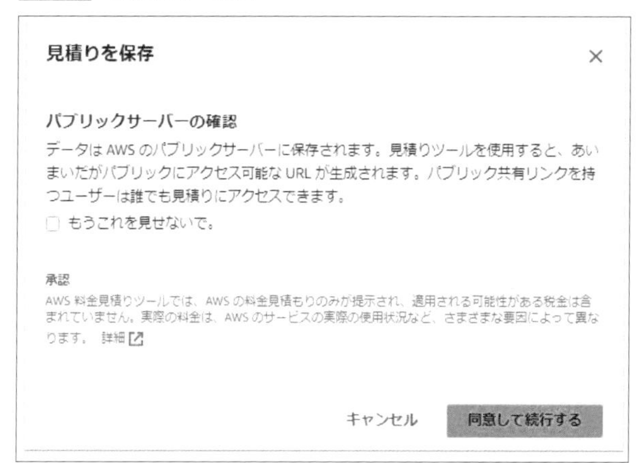

3.6.2 見積もりをより正確にするために

簡単ですが、前項でAWS Pricing Calculatorの使い方を紹介しました。ざっと見ただけでも、インスタンスタイプとディスクサイズ以外にも、どのOSを使うのか、購入オプションは何にするのか、ディスクの性能要件など**数多くのパラメータが必要**だとおわかりいただけたかと思います。しかし、残念ながら概算の段階ですべてのパラメータをしっかり決めきることは不可能です。

筆者が見積もり時にやる方法として、特定のAWSサービスにおいて、**費用計算に大きく影響するパラメータ**を見極めています。例えば、とあるAWSサービスの利用料が3つのパラメータで決まると仮定します。パラメータAは費用への寄与が大きいため、見積もり時の値を2倍間違えたとすると正しい値から60%も上振れてしまいます。一方、費用への寄与の小さいパラメータCは値を2倍間違えたとしても正しい値からのズレは10%です。そのため、パラメータAの値を正確にすることに注力をしたほうが効率的に正確な値に近づくことができるというわけです。こうした各パラメータの寄与の大小を調べるには、**AWS Pricing Calculator上でパラメータを例えば1、10、100と動かしてみて、サービス利用料にどう影響したかを比較する作業を繰り返します**。1を入れたときと100を入れたときで利用料がほとんど変わらなければ寄与の小さいパラメータですし、利用料が跳ね上がるようであれば寄与の大きいパラメータです。寄与の大きいパラメータは、概算段階でも限りなくぶれない値に近づけます。

図3-22　パラメータごとの費用への寄与とずれ方のイメージ

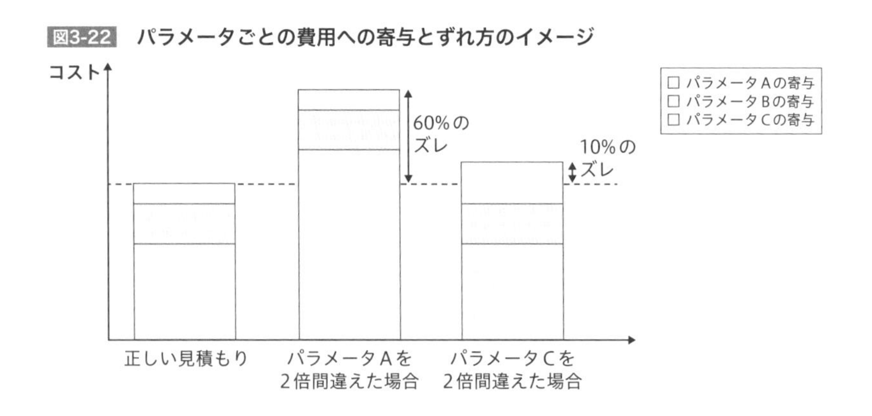

AWS利用料の試算が難しい理由として、**見積もりに使うパラメータが決められない点**があります。例えば、ログを格納するストレージ容量などは実際にログを出力してみないとわからない、といった具合です。こうした動かしてみないとわからないパラメータは、**フェルミ推定**で試算するしかありません。フェルミ推定は、実際に調査するのが難しい数量を、仮説をもとに論理的に推測して概算する方法です。**類似のシステム事例や規模が同程度のシステムの実績値などを参考にしつつ、試算のロジックを作り上げます**。例えばWebサイトのデータ転送量であれば、**平均ページサイズ×平均アクセス数**で概算するといった具合です。フェルミ推定である程度試算することで、より精緻な見積もりを作ることができます。とは

いえ、概算の段階では見積もりきれないコストがありますし、一番費用に直結しながら見通せないものとして**為替レート**があります。そのため、**概算した結果に対してはリスク費を計上しておく**ことをお勧めします。

図3-23　フェルミ推定によるデータ転送量の試算のイメージ

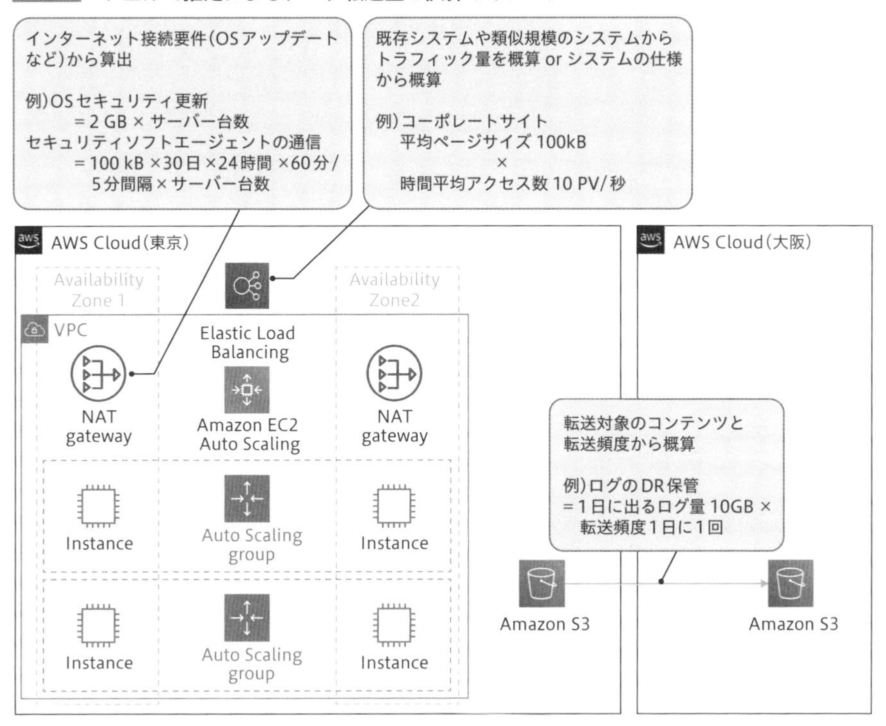

第 4 章

非機能要件のノウハウ

非機能要件は、システムを安定稼働させるための黒子のような役割です。表舞台がいかに優れたものでも黒子がいなければ舞台は成立しません。つまり、非機能要件を正しく実装しなければ、システム障害やセキュリティ事故によって社会的信用を失うことになります。本章では、非機能要件の考え方がクラウドで変わる点にフォーカスを当ててお伝えします。

4.1 アカウント管理

AWSでシステムを構築する際によく混乱を生じさせる言葉に、「**アカウント**」があります。その理由として、「アカウント」の指す対象がOSやアプリケーションの利用者としてのアカウント以外にも、AWSの契約単位である「AWSアカウント」があり、さらにAWSマネジメントコンソールの利用者である「IAMユーザー」も存在するため、「アカウント」という言葉が会話の中で何を指しているか認識齟齬が生じることにあります。本節では、まずアカウントの種類を整理して、AWSアカウントとIAMユーザーの設計のノウハウを解説します。

4.1.1 その「アカウント」は何を指すか

システムを利用していると必ずと言ってよいほど登場する「**アカウント**」。一般的にアカウントと言えば、ユーザーを識別する**ID**と認証に用いる**パスワード**のペアを指します。しかし、AWSでシステムを構築する場合、「アカウント」が指し示すものが多岐にわたります。

例えば、「**AWSアカウント**」であれば、**12桁で管理されているAWSの環境そのもの**を指します。AWSアカウントは請求を集約するために用意する「**管理アカウント**」や、AWS Organizationsによって管理された「**メンバーアカウント**」に分けられます。

その他にも、AWSアカウントを取得する際に登録したメールアドレスによって認証する「**ルートユーザー**」や、AWSマネジメントコンソールにログインして操作するために利用する「**IAMユーザー**」といったアカウント、さらに構築したワークロードに利用者の認証・認可があればそちらにもアカウントが必要となります。そのため、「アカウント」と言った際にはAWSアカウントを指しているのか、アプリケーション利用のためのアカウントなのかを明確にしておかないと、認識に齟齬が生じるため、注意が必要です。

表4-1 AWSでシステムを構築する場合の主なアカウントの種類

アカウント種別	AWS アカウント	コンソールアカウント	その他のアカウント
概要	AWSとの契約単位で、12桁の番号で識別されるアカウント。 • **管理アカウント** （旧：マスターアカウント） AWS Organizations組織全体を管理する権限を持つアカウント。このアカウントに請求が集約されるため、**請求アカウント**と呼ぶこともある。 • **メンバーアカウント** AWS Organizations組織に所属する、管理アカウント以外のAWSアカウント。請求は管理アカウントにて実施する。	AWSマネジメントコンソールにアクセスするためのアカウント。 • **ルートユーザー** AWSアカウント作成時に登録したメールアドレスにて認証するアカウント。そのAWSアカウントにてすべてのAWSサービスとリソースに完全なアクセス権を持つ。 • **IAMユーザー** AWSマネジメントコンソールにアクセスするためのアカウント。ポリシーによって業務上必要なAWSサービスとリソースへの権限が付与されることが求められる。	OSやアプリケーションにアクセスするためのアカウント。 • **OSアカウント** WindowsやLinuxなどOSレイヤへのアクセスに用いるアカウント。 • **システム利用者アカウント** AWS上に構築したシステムを利用するエンドユーザーに割り当てるアカウント。

4.1.2 AWSアカウントの管理

AWSでシステムを作る際に、真っ先に作成するのが**AWSアカウント**です。特に最初に作成したAWSアカウントにAWS利用料をはじめとする請求を集約する運用形態をとるケースが多いことから、**請求アカウント**、**契約アカウント**とも呼ばれます。

AWSアカウント1つあれば、AWSのサービスを活用してシステムを構築することは可能です。しかし、権限管理やリソース間のアクセス管理などといった管理業務の煩雑さを避けるために、**明示的な環境の分離を目的として複数アカウントを利用する**ケースがあります。もし、1つのAWSアカウントの中に複数のシステムを配置したり、開発用と本番用の環境を配置したりした場合、開発環境を変更しているつもりで誤って本番環境を変更してしまった、AシステムとBシステムが誤って疎通可能な状態になっていた、といった問題が起こりえます。オンプレミスのシステムであれば、開発用と本番用の環境を物理的に分けておくことで、想定外の変更が起こるのを防止できます。**AWSの場合も同様に、開発用と本番用でAWSアカウントを分けておくことが望ましいでしょう**。このようにAWSアカウントを複数用意してシステムを構成することを「**マルチアカウントアーキテクチャ**」と呼びます。

マルチアカウントアーキテクチャのメリットとデメリットは、次のとおりです。

メリット

- AWSアカウントという境界が設けられることによって、権限やリソースが明確に分離される
- 問題発生時に問題の波及を防ぐことができる

デメリット

- AWSアカウントをまたいだ連携には設定が必要になる
- AWSアカウントが分かれることによって、構築や運用に冗長な作業や付加作業が発生することがある

マルチアカウントアーキテクチャの考え方

マルチアカウントアーキテクチャをどのように考えていけばよいかを解説します。

• 完全独立パターン

複数のAWSアカウントを完全に独立させておき、相互の連携や機能集約を行わないパターンです。このパターンであれば、それぞれのAWSアカウント内部は保有者が全権を持つため、**開発の自由度**は極めて高くなります。また、各AWSアカウントに請求書が発行されるため、部門ごとにいくら使ったのかが明確です。一方、個々のAWSアカウントにおいてガバナンスや運用など共通化できることを個別に検討することになるため、**開発のオーバーヘッド**が大きくなります。

• 支払い統合パターン

AWSアカウントを部門ごとやシステムごとに分けて準備するパターンです。AWSアカウントが分割されているため、システムや部門間で権限が明示的に分

かれています。AWSアカウントをまたいでアクセスするにはそのための設定を行う必要があるので、システム間が意図せず疎通可能な状態になるといったことは起こりません。請求書は**請求アカウント**から発行されるので、精算処理は一括で済みます。デメリットは、完全独立パターンと同様、共通機能開発の重複によるオーバーヘッドや、アカウントをまたがったガバナンス統制を行いにくいことなどが挙げられます。

● 機能集約パターン

支払い統合パターンをさらに発展させ、**個々のシステムごとにAWSアカウントを分けつつ、共通機能を集約したAWSアカウントも用意するパターン**です。支払い統合パターンのメリットを生かしつつ、共通機能を集約することで、重複開発を回避できます。共通機能の例としては、**ロギング**、**監査**、**運用**、**インターネット接続**、**専用線サービスの接続設定**などがあり、企業やシステムが準拠すべき規約やポリシーに応じて作り分けるとよいでしょう。デメリットは、共通機能を考慮したシステム設計は難易度が高くなるという開発の課題に加えて、共通機能のコスト案分をどうするかや、システムや機能ごとにAWSマネジメントコンソールが分かれるために行き来が煩雑になるといった運用上の課題もあります。

表4-2 マルチアカウントアーキテクチャの3パターン

	完全独立パターン	支払い統合パターン	機能集約パターン
構成	aws 製造部門 aws 開発部門	aws 管理 aws 製造部門 aws 開発部門	aws 管理 aws 認証 aws ロギング aws システムA aws システムB
特長	リソース利用、支払いを完全に独立させる。相互のアカウントは干渉しあわない。	支払いは統合するが、各アカウント内の管理はそれぞれで行う。	システム監査やセキュリティなど共通機能を有するアカウントを集約。
利用者自由度	大	→	小
管理性	小	→	大

マルチアカウントアーキテクチャの注意点

最後に、マルチアカウントアーキテクチャでの注意点を紹介しておきます。

・リザーブドインスタンスやSavings Plansの扱い

コスト削減のために**リザーブドインスタンス**や**Savings Plans**を活用する場合、**明示的に設定しなければマルチアカウントアーキテクチャ配下のすべてのAWSアカウントに適用されます**。一見デメリットがないように見えますが、A部門が所有しているAWSアカウント用に購入したリザーブドインスタンスが別の部門のAWSアカウントに適用されていた、ということが起こります。これを防ぐ方法は以下のAWSのドキュメントを参照してください(4-1)。

4-1　共有リザーブドインスタンスと Savings Plansの割引の無効化
https://docs.aws.amazon.com/ja_jp/awsaccountbilling/latest/aboutv2/ri-turn-off.html

・AWSサポートの扱い

AWSサポートは、AWSを利用するうえで生じた疑問やトラブルに関する問い合わせ、AWSサービスの利用上限の緩和申請や機能要望を出すことができるサービスです。プランに応じて問い合わせの緊急度の設定が可能になったり、テクニカルアカウントマネージャーの支援を受けられたりします。AWSサポートは**AWSアカウントごとにプランを変えること**ができ、本番ワークロードを実行するAWSアカウントはビジネスプランとし、開発環境を実行するAWSアカウントはデフォルトのベーシックプランにするといったことが可能です。ここが注意点で、AWSサポートへの問い合わせは各AWSアカウントより行うことになるので、ベーシックプランにした開発用アカウントでは技術に関する問い合わせはできません。各々のAWSアカウントをどのAWSサポートプランにするかはよく検討しておくことをお勧めします。

4.1.3 ルートユーザーの管理

AWSアカウントの作成が完了したら、**AWSマネジメントコンソール**へログインします。AWSマネジメントコンソールへログインする方法はいくつかあるため、どれを利用するかを本項以降で整理しておきましょう。

ルートユーザー管理のベストプラクティス

AWSアカウントを作成して最初にAWSマネジメントコンソールへログインする際には、AWSアカウントを作成した際に登録したメールアドレスを使って認証する**ルートユーザー**というアカウントを利用します。AWSアカウント作成直後は基本的にはこのルートユーザーしかないため、このアカウントを利用して初期設定を行うことが多いでしょう。ただ、ルートユーザーはAWSアカウントで**最高権限**を持つため、その取り扱いは慎重に行わなくてはなりません。万が一ルートユーザーが乗っ取られた場合は、AWSアカウントそのものが乗っ取られたと同義です。**ルートユーザーを適切に扱うためのベストプラクティス**が提供されているので、必ず守るようにしてください(4-2)。

4-2 アカウントのルートユーザーを保護するためのベストプラクティス
https://docs.aws.amazon.com/ja_jp/accounts/latest/reference/best-practices-root-user.html

ポイントは以下となります。

- アクセスキーは生成しない
- どうしてもアクセスキーが必要な場合は定期的にローテーションする
- ルートユーザーのパスワードやアクセスキーを他者へ開示しない
- パスワードは強力なものを使用する
- 多要素認証(MFA:Multi-Factor Authentication)を有効化する

加えて、下記のような運用ルールを設けておくと、より安全と言えます。

- ハードウェアMFAを金庫で管理。金庫は管理職など特定の人しか開錠できないようにする
- ルートユーザーのログイン時にメールやチャットに自動通知する

多要素認証の有効化など、ベストプラクティスに沿ったルートユーザーの管理方法のハンズオンを6.2節で紹介します。

また、マルチアカウントアーキテクチャを採用している場合、**各AWSアカウントごとにルートユーザーが生成される**ことになります。そのため、**ルートユーザーを誰が管理するか**が課題となります。ルートユーザーでしかできないタスク(4-3)があるため、各AWSアカウントの利用者にルートユーザーを渡したくなりますが、権限が強力であり、取り扱いを誤ればAWSアカウント内部の環境を破壊しかねません。「**最小権限の原則**」に則れば、必要時にだけルートユーザーを利用できるようにすることをお勧めします。**図4-1**は3つのシステム開発が行われている例です。各システム開発のプロジェクト関係者はルートユーザーを使うことができないようにしておき、**PMO**(Project Management Office)など**AWSを管理する役割の人間**が各AWSアカウントのルートユーザーを責任を持って管理します。ルートユーザーでしかできない作業はPMOに依頼して実施してもらうようにルールを決めておくことで、不用意にルートユーザーを利用されることを防げます。

図4-1 ルートユーザーの管理方法のイメージ

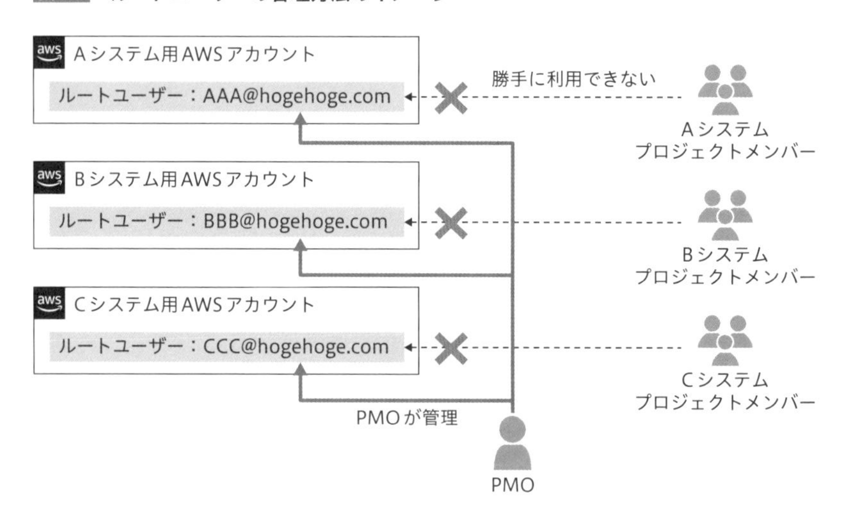

4-3　ルートユーザー認証情報が必要なタスク
https://docs.aws.amazon.com/ja_jp/accounts/latest/reference/root-user-tasks.html

他にも、**ルートユーザーのログインがAWS CloudTrailに記録されること**を生かして、Amazon EventBridgeでログインの記録を契機としてアラート通知を発報させることも可能です。構成としては**図4-2**のようになり、ここでは通知先をSlackとしていますが、もちろんメール通知も可能です。実際にSlackに届く通知は**図4-3**のように、いつログインしたか、ログインに成功したかなどの情報が記載されているので、ルールを逸脱したルートユーザーの利用を検知できます。

図4-2　ルートユーザーのログインをSlackへ通知する仕組み

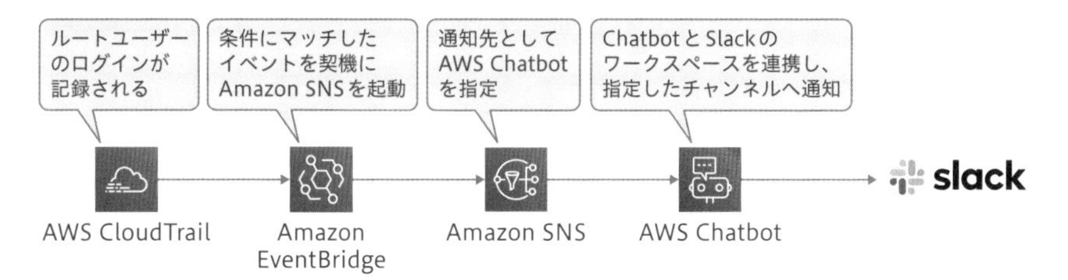

図4-3　Slackに届いたルートユーザーのログイン通知の例

4.1.4 IAMユーザー、IAMロールの管理

AWSマネジメントコンソールへのログインは、一般的には**IAMユーザー**を使うことになります。IAMユーザーはAWSマネジメントコンソールやAPIを通じてAWSの操作を行うためのアカウントです。IAMユーザーは基本的に利用者1人に1つ割り当てられます。IAMユーザーはAWSアカウント内部の環境の操作に利用するため、ルートユーザーと同様に、**他人と共有しない、多要素認証(MFA)を有効化するなど、取り扱いには注意が必要**です。ベストプラクティスに沿ったIAMユーザーの準備については6.2節で紹介します。

IAMユーザーはAWSアカウントへの認証機能だけでなく、**IAMポリシー**と**Permissions boundary**にて許可された権限の操作が可能となります。IAMユーザーひとつひとつにIAMポリシーを割り当てるのは大変なので、**IAMグループ**にIAMポリシーを割り当てて、IAMユーザーを紐づけるとよいでしょう。

IAMユーザーに似た機能として**IAMロール**があります。IAMポリシーを利用してAWSアカウント内部で実行可能な操作を制限できるなど、IAMユーザーと共通する点も多いです。違いは、IAMユーザーは特定の人に一意に関連付けますが、IAMロールは主にAWSサービスやアプリケーションに付与する形態で用いられ、利用したい任意のIAMエンティティ(IAMユーザー、IAMロール)がその権限を引き受けられる点です。また、IAMロールにはパスワードやアクセスキーなどがなく、ロールを引き受ける際に一時的なセキュリティ認証情報が提供されます。

IAMユーザーの作成を最小限にする、もしくは作らずにAWSを利用する方法

AWSを大人数で利用していたり、マルチアカウントアーキテクチャを組んでいたりする場合、それぞれのAWSアカウントでIAMユーザーを作成してしまうと利用者の管理が煩雑になります。そこで、**IAMユーザーの作成を最小限にする、もしくは作らずにAWSを利用する方法**が用意されています。

● Switch Roleで操作するAWSアカウントを切り替えるパターン

IAMユーザー認証用のAWSアカウントを用意しておき、他のAWSアカウントへは**Switch Role**（ロールの切り替え）で権限を一時的に付与されることで、Switch Roleした先のAWSアカウントで操作ができます。

図4-4　各システムのAWSアカウントはロールを切り替えて利用する

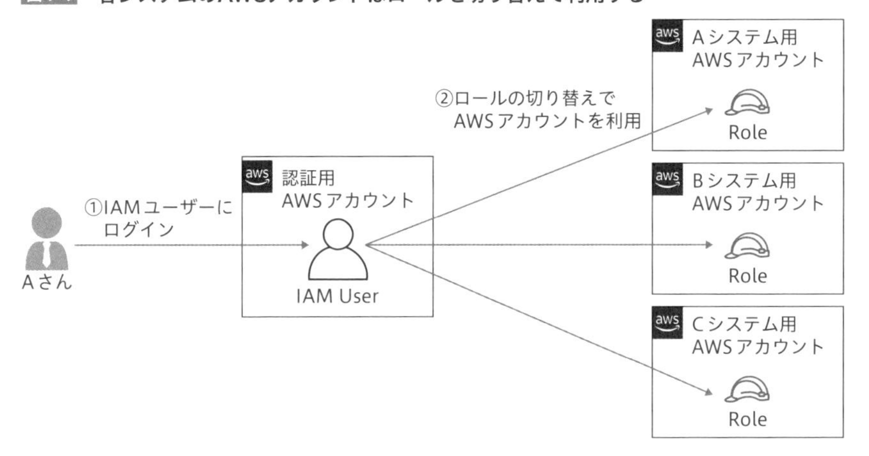

● ADFSを利用するパターン

既存のActive Directoryがある場合、**ADFS**（Active Directory Federation Services）とIAMロールを連携することも可能です。Active Directoryで認証を行うと、認証情報をAWSと連携してAWS上の**一時セキュリティ認証情報**が発行されます。この一時セキュリティ認証情報をもとに、AWS上のIAMロールに割り当てられた権限に従ってAWSのリソースを操作することができます。この場合、利用者は社内システムと同じIDとパスワードでAWSが利用でき利便性が高まるほか、会社のActive Directoryと連動するために社員の離任や異動に合わせて権限が自動的に切り替わります。一方で、各AWSアカウントにおいてADFSとの連携やIAMロールを作成する必要があるため、統制する側の運用負荷は高くなります。

図4-5 Active Directoryの認証情報をもとにAWSアカウントを利用する

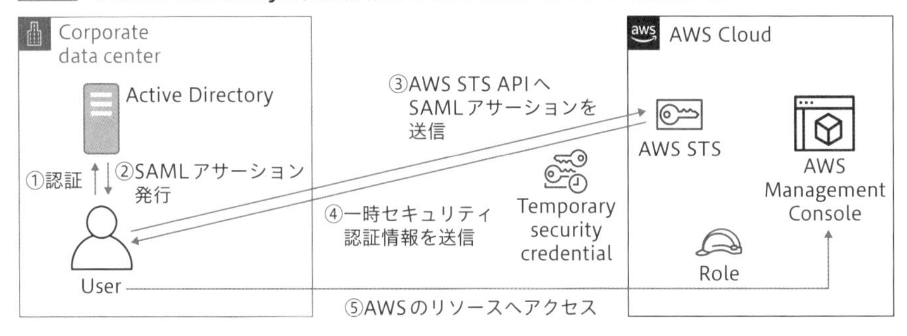

- **AWS IAM Identity Centerを利用するパターン**

AWS IAM Identity Center（旧AWS Single Sign-On）は、複数のAWSアカウントとアプリケーションへのシングルサインオンを提供するために用意されたマネージドサービスです。これを利用すると**IAMユーザーを作成することなく、複数のアカウントへのアクセスが可能となります**。ADFSを利用するパターンと同じく既存のActive Directoryと連携したり、**Azure AD**や**Okta**などユーザーID管理を提供する各種サービスと連携させることも可能です。IAM Identity Centerを他のクラウドアプリケーションと連携すれば、IAM Identity CenterのポータルからAWSだけでなくクラウドアプリケーションへも接続が可能です。

図4-6 AWS IAM Identity Centerを利用してシングルサインオンを実現

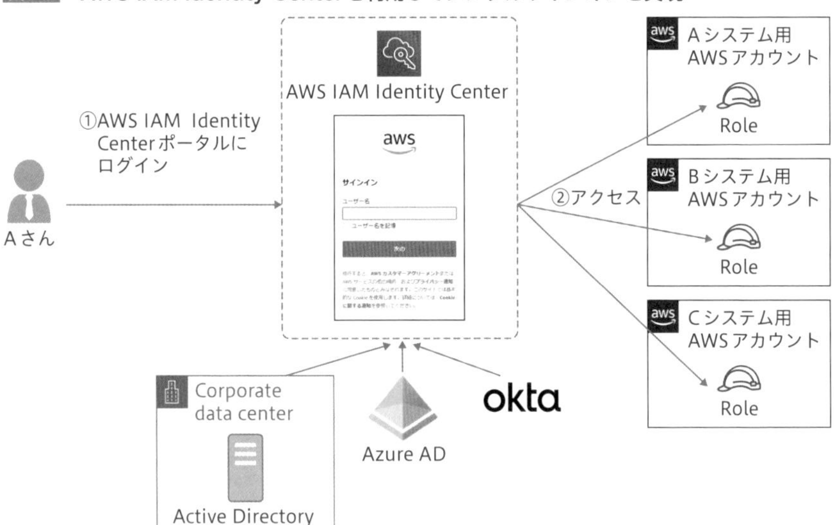

IAMポリシー作成の考え方

IAMユーザーの取り扱いを決めたら、続いて**IAMポリシー**をいかに作るかが重要になります。IAMポリシーは、AWSのAPIへのアクセス権限、要するに操作権限を管理するための機能です。200を超えるAWSサービスごとに複数定義されている個別APIごとに設定できるため、かなり細かい権限設定が可能となっており、「どのAWSサービスの」「どういう操作を」「どのリソースに対して」「許可するor禁止する」といった具合で記述します。

IAMポリシーは大別すると、「**管理ポリシー**」と「**インラインポリシー**」に分かれます。さらに管理ポリシーにはAWSで事前に定義された「**AWS管理ポリシー**」と、自分で作成する「**カスタム管理ポリシー**」があります。**AWS管理ポリシーは編集できないため、管理ポリシーで足りない部分をカスタム管理ポリシーで補う形になります**。

管理ポリシーは複数のIAMユーザーやIAMロールで共有が可能で、カスタム管理ポリシーを編集すれば、そのポリシーが付与されているIAMユーザーやIAMロールすべてに反映させることができます。一方、**インラインポリシー**はIAMユーザーやIAMロールに埋め込まれたポリシーと言われ、埋め込んだIAMユーザーやIAMロール以外で再利用することはできません。

AWSでは**最小権限の原則**を掲げており、必要十分な権限を付与することをベストプラクティスとしています。しかし実際に運用していると、権限が足りなくてメンテナンス作業ができなかったり、逆に権限をつけすぎた結果として誤操作でリソースが削除されてしまったりすることが起こりがちです。そこで、IAMポリシーの作成について、もう少し深堀りして考えましょう。

IAMポリシーの作成パターン

IAMポリシーは、指定した操作を許可すること、拒否することの2パターンで記載できます。そのため、IAMポリシーの作成では2つのパターンが考えられます。

許可(Allow)リストパターン

許可リストパターンは、許可する権限を付与するパターンです。このIAMポリシーを付与されたIAMユーザーやIAMロールは、許可された操作のみしか実行できないため、セキュリティ上安全であると言えます。また、**新サービスや新機能が出た場合にはアクセス権限がないため、勝手に利用されるリスクはありません**。デメリットは、許可されていない操作は一切できないので、権限付与が足りない場合には実行したい操作ができません。筆者自身も、システムメンテナンス用に割り当てられたIAMポリシーに権限が足りず、何もできずに作業を中止した経験があります。

拒否(Deny)リストパターン

拒否リストパターンは、禁止したい操作権限を剥奪していくパターンです。**剥奪した権限以外は許可することになる**ので、このIAMポリシーを付与されたIAMユーザーやIAMロールは、許可リストパターンと比べると許可されている権限が多くなり、利用者の自由度は高くなります。また、禁止事項や利用しないサービスをリストアップすればよいので、設計も比較的容易です。一方で、**新サービスが出た場合は利用が禁止されておらず、利用者が勝手に利用できてしまう**ので、新サービスが出たら拒否リストの更新作業が必要となります。

両者に共通する点として、IAMユーザーやIAMロールに付与できる管理ポリシーの上限は20、IAMポリシーに記載できる文字数は6,144文字までなど**クォータ**と呼ばれる上限があるため、IAMポリシーの設計時には注意が必要です(4-4)。許可リストだけ、または拒否リストだけで実装しようとすると、ポリシーの可読性が下がったり、運用負荷がかかったりすることもあります。そういう場合は、**許可リストと拒否リストを混在させたハイブリッドパターン**も利用できます。ハイブリッドパターンは、許可リストで大まかな許可を出しておき、拒否リストで禁ずる操作を拒否していくことで統制をかけます。大切なのは、必要とするメンテナンス性やセキュリティ要件、開発への影響などを考慮して、IAMポリシーの設計思想を定義しておくことです。

4-4 IAM object quotas
https://docs.aws.amazon.com/IAM/latest/UserGuide/reference_iam-quotas.html#reference_iam-quotas-entities

最小権限のIAMポリシーを最初から作成することは難しく、特にマルチアカウントアーキテクチャにおいては各AWSアカウントにて必要十分なポリシーを精査しなければなりません。IAM Access Analyzerという機能を利用すると、**過去のアクティビティを分析して必要十分なIAMポリシーを生成することが可能です**。ただ、これはある程度AWS上で行う操作が決まってきた運用フェーズでは有効ですが、開発フェーズなどでは昨日までとは異なる操作を行うことも多々あるため万能ではありません。許容できるリスクとできないリスクを整理し、許容できないものは強く制限をかけておき、許容できるリスクはログを取って検知できるようにしておくというのもひとつの考え方です。詳細は次項で解説します。

4.1.5 予防的統制と発見的統制

前項ではIAMユーザーの管理として、権限を付与する方法を紹介しました。実際の開発現場では**リスクを避けるために統制を強くかけたいという思いと、開発に対する制約を受けたくないという思いが交錯することが多い**です。AWSの操作権限を絞りすぎれば開発速度や運用の柔軟性に欠け、かといって権限を付与しすぎればセキュリティインシデントや環境の破壊を起こしかねません。開発者が安全に、かつ高速に開発できるようにするために、ガードレールを設けることが必要です。自動車に例えるなら、信号の多い街中ではスピードを出せませんが、安全が確保されているサーキットであれば高速で走行が可能になるイメージです。開発者に安全な開発環境を提供するために「**予防的統制**」と「**発見的統制**」の考え方を取り入れる必要があります。

予防的統制

「**予防的統制**」は、セキュリティインシデントを未然に防ぐために、**逸脱行為をあらかじめできないように権限を拒否すること**です。予防的統制において最も強力な機能を持つのがAWS Organizationsです。AWS Organizationsは複数のAWSアカウントを統合管理するためのサービスで、一括請求機能だけでなく、セキュリティやコンプライアンスを満たすためのアカウント管理機能を有しています。

AWS Organizationsに所属するAWSアカウントに対して管理を行うための機能が**ポリシー**です。ポリシーには4種類、**サービスコントロールポリシー(SCP)**、**AIサービスのオプトアウトポリシー**、**バックアップポリシー**、**タグポリシー**があります。ひとつひとつのAWSアカウントにポリシーを適用するのは煩雑になるため、AWS Organizationsには「**組織単位(OU)**」という複数のAWSアカウントをグループ化する機能があり、OUにポリシーを割り当てることで複数のAWSアカウントに対して同じポリシーを割り当てられます。また、OUをまとめた、より大きなOUを作って管理することも可能です。ポリシーで設定した内容はAWSアカウントのルートユーザーにも適用されます。つまり、**ポリシーで制限された内容はメンバーアカウントの中では一切操作することができなくなります**。

予防的統制ですべてのリスクが除去できるようにも思えますが、実際にはそうはいきません。例えば、プログラムからAWSリソースへアクセスするためにアクセスキーを発行すること自体は必要な操作ですので、予防的統制で防ぐわけにはいきません。しかし、発行したアクセスキーを誤ってGitHubにアップロードしてしまったとしたら、アクセスキーを利用して不正アクセスが行われることになります。あるいは、S3へオブジェクトを格納するスクリプトを書くこと自体は必要ですが、スクリプトが無限ループになっていて、オブジェクトを大量にS3へ格納した結果、AWS利用料が非常に高額になってしまったという例もあります。これらの事故は必要な権限の中で実施していることなので、予防的統制で防ぐことはできません。

発見的統制

そこで予防的統制と並行して導入するべきなのが「**発見的統制**」の考え方です。その名のとおり、**設定ミスや異常なふるまいを検知して、通知および健全な状態へ自動復元させます**。先に示した例であれば、アクセスキーの利用をモニタリングして通常と異なるアクティビティがあれば通知する、予想される請求コストがしきい値の80%を超える場合は通知する、などが発見的統制になります。

適用の考え方

具体的に「予防的統制」と「発見的統制」の適用を考える際には、**表4-3**のような考え方があります。セキュリティインシデントや事故が発生した際に受けるビジネス影響度に応じて対応を分けていくのがよいでしょう。

表4-3　ビジネス影響度に応じた統制のかけ方

ビジネス影響	内容	統制のかけ方
致命的	一度の発生も許されない。 会社や組織の業務や社会的信用を毀損するレベル。	予防的統制
局所的	短期間なら許容可能。 会社や組織の業務や社会的信用への影響はほとんどない。	予防的統制 or 発見的統制
許容可	会社や組織への影響はない。	統制しない （取得したログなどの棚卸しはする）

4.2 可用性とDisaster Recovery

システムを安定的に動かし続けるために考えなければならないのが、**可用性の確保**と事業継続性計画に基づいた**DR (Disaster Recovery) 戦略**です。オンプレミスであれば、電源や物理筐体を複数用意し、仮想マシンの配置設計などを行って可用性の確保を行います。AWSを利用した場合はどうなるのか、可用性とDR戦略のポイントを見ていきましょう。

4.2.1 可用性の確保

リージョン、アベイラビリティゾーンとAWSサービスの関係

大前提となるAWSの「**リージョン**」と「**アベイラビリティゾーン**」を確認しましょう。リージョンとは**世界中に展開されているデータセンターの集合体**です。2023年5月現在、31のリージョンが世界中に展開されています。1つの地理的エリアの100km以内に、物理的に分割された複数のアベイラビリティゾーンによって構成されています(4-5)。続いてアベイラビリティゾーンは、**冗長化された電源、ネットワーク、接続機能を有した1つ以上のデータセンター**です。アベイラビリティゾーン同士は高いスループットと低レイテンシーの冗長化されたネットワークで接続されています。アベイラビリティゾーンの間は数km以上離れており、停電や地震などの影響を同時に受けないように考慮されています。そのため、**2つ以上のアベイラビリティゾーンにシステムを分散して配置するだけで、システムの可用性を向上させることが可能**です。アベイラビリティゾーンの利用にはAWSマネジメントコンソールでわずか数クリックするだけですので、いかにクラウドがシステム開発に革新をもたらしたかがわかるかと思います。

4-5 リージョンとアベイラビリティゾーン
https://aws.amazon.com/jp/about-aws/global-infrastructure/regions_az/

図4-7 リージョン、アベイラビリティゾーン、データセンターの関係

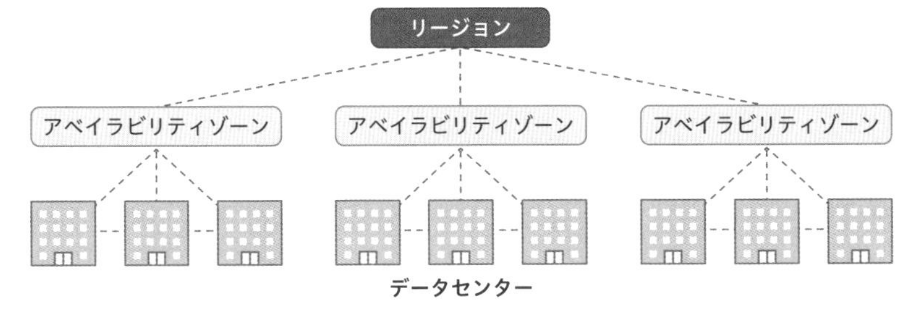

AWSの各サービスは、利用単位が全リージョン(グローバル)にまたがるもの、リージョン単位のもの、アベイラビリティゾーン単位のものがあります。例えば、AWSリソースへのアクセスを管理するAWS IAMはリージョンによらずグローバルに利用するサービスですし、仮想マシンであるAmazon EC2はアベイラビリティゾーンに配置します。このように、**サービスがリージョン単位なのか、アベイラビリティゾーン単位なのかを正しく理解しておくことは重要です**。知らぬ間にアベイラビリティゾーン単位での障害に弱い構成とならないよう注意してください。

必要なアベイラビリティゾーン数の考え方

前述のとおり、2つ以上のアベイラビリティゾーンにシステムを分散配置することで可用性を向上できます。では、アベイラビリティゾーンは2つだけ利用すればよいのでしょうか。答えは必要なリソースによって変わってきます。

例えば、サービス提供に必要なサーバー台数が6台のシステムに対して、1つのアベイラビリティゾーンの障害に備えたいとしましょう。2つのアベイラビリティゾーンを使って可用性を確保しようとすると、2倍の12台のサーバーが必要となります。一方、3つのアベイラビリティゾーンを利用する場合、1つのアベイラビリティゾーンあたり3台ずつ、計9台あれば、1つのアベイラビリティゾーンに障害が発生したとしても引き続き6台のサーバーが動いていることになります(**図4-8**)。ただし、実際にはここまで単純な話ではなく、アベイラビリティゾーン単位のサービス利用が増えることによる費用増加などを考慮する必要があります。

図4-8 アベイラビリティゾーン数と必要なインスタンス数

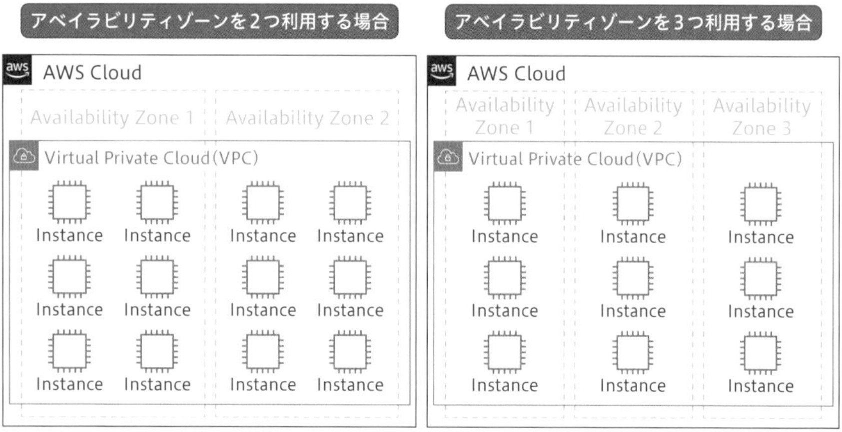

4.2.2 バックアップ戦略

AWSの機能を利用してのバックアップ

続いて、**バックアップ戦略**を考えていきます。AWSでのバックアップ戦略でまず把握するべきなのは、**スナップショットの取得とAMIを使用してバックアップすることの違い**です（**表4-4**）。

スナップショットの取得はEBSボリュームのデータコピーを取得して、Amazon S3に保存します。S3に保存されると聞くと、スナップショットの確認は利用者のS3のコンソールにあると思いがちですが、実際にはAmazon EC2サービスのコンソールで確認できます。稼働中のEBSボリュームにデータの破損や障害が発生した場合は、作成したスナップショットから新しいボリュームを作成し、古いボリュームを置き換えることで復旧可能です。EBSボリュームのデータの保全が可能ですが、EBSボリュームを利用していたEC2インスタンスの情報はスナップショットには記録されません。そのため、スナップショットからインスタンスを起動するには、一度AMIイメージを作成する必要があります。

一方、**AMIバックアップ**はEC2インスタンスの完全なバックアップで、EBSのスナップショットだけでなく、インスタンスの起動時にアタッチするボリュームを指定するデバイスのマッピングの情報など、インスタンスを構成する情報が含まれています。そのため、AMIを使えばインスタンスをすぐに起動させることが可能です。

バックアップとしてEBSスナップショットを利用するか、AMIバックアップを利用するかは、復旧プロセスを考慮する必要があります。AMIバックアップは即座にインスタンスを起動できますが、**既存のインスタンスと並行して起動させることができるか否かはOSやアプリケーションの仕様によります**。例えばドメインに参加中のWindowsインスタンスを起動した状態で、AMIバックアップからインスタンスを作成すると、セキュリティ識別子やコンピュータ名が重複してしまう問題が発生します。筆者はこの問題によってWindows Serverのフェールオーバークラスタリングが正常に動作しなくなる事態に見舞われました。一方、EBSスナップショットからの復旧では即座にインスタンスの起動はできないものの、インスタンスで複数のEBSボリュームを利用中に特定のEBSボリュームだけ復元することができます。また、スナップショットから復元したボリュームをアタッチすることで、EBS内の特定のデータだけを復元することも可能です。

表4-4 スナップショットとAMIバックアップの違い

	スナップショット	AMI
概要	EBSボリュームのバックアップをAmazon S3に作成。	スナップショットに加えて、インスタンスのデバイスマッピングなど構成情報を保持。
用途	EBSボリュームやボリューム内のデータのバックアップ。	同じ構成情報のインスタンスの作成。
復旧方法例	スナップショットからEBSボリュームを作成し、既存インスタンスのEBSボリュームと入れ替え。	AMIよりインスタンスを作成し、既存インスタンスと入れ替え。

AWSの機能を利用しないバックアップ

ここまでAWSの機能を利用してのバックアップ戦略を考えてきましたが、EBSスナップショットにせよAMIバックアップにせよ、高いディスクIOが発生するタイミングで取得すると、ファイル整合性が担保されず、最悪バックアップデータが破損するリスクが伴います。例えば、EC2上でDBサーバーを起動している場合が該当します。可能であれば**メンテナンスウィンドウ**(メンテナンス用時間枠)を設けて静止点を作ったうえでスナップショットなどを取得できないか検討します。データベースをバックアップモードにする、Linuxのxfs_freezeコマンドを利用してファイルシステムへのIOを中断させるなどしたうえでスナップショットを取得する、などが該当します。

スナップショットを使わないバックアップの方法として、**データベースの標準機能を利用してダンプファイルやトランザクションログをバックアップしておくこと**も検討します。取得したダンプファイルやトランザクションログは定期的にS3へアップロードしておけば、万が一の事態でも復元することが可能です。またS3のリージョン間コピー機能を活用すれば、リージョン規模の障害にも対応が可能です。欠点はこのバックアップの取得はデータベースの機能であり、AWSがバックアップの仕組みを提供しているわけではないので、利用者が一連のバックアップとリストアの仕組みを構築しなければなりません。

4.2.3 Disaster Recoveryの確保

日本は地震や台風など災害が多い国です。万が一被災した際にシステムやデータが壊滅すると、事業を継続できなくなります。災害に遭った場合でも事業を継続するために、被災時のシステムやデータの修復や復旧をあらかじめ検討、備えることが増えてきました。これを**DR(Disaster Recovery、災害復旧)**と言います。ここではDR検討のポイントや、DRを実際に発動する場合に備えて決めておくべきことをお伝えします。

システムの冗長化パターン

DR戦略を考える前に、災害を考慮してシステムを配置する方法を**データセンター単位**で考えてみましょう。オンプレミスであれば、まず1つのデータセンターの中に同じサーバーを配置することで可用性を向上することを検討します(**表4-5**)。最も一般的な可用性を向上する方式であり、構成も容易ですが、データセンター自体に障害が発生するとデータ消失やシステム停止となります。

そこで、**複数のデータセンターを利用するパターン**が考えられます。方式としては次の2つです。

- 数〜十数kmと近傍のデータセンターでシステムやデータを冗長化する方式
- 数百km離れたデータセンターを利用する方式

データセンターが近ければデータ転送の遅延は少なくなりますが、広域災害に強いとは言えません。かといって、数百km単位で離れたデータセンターを使うと、**データセンター間のデータ伝送の遅延は無視できないレベルになります**。システムやシステム中に保管されているデータを冗長にする方法には、その長所・短所があるので、複数の冗長化パターンを組み合わせることで事業継続性を確保する必要があります。

表4-5 冗長化のパターン

	サーバー冗長化	データセンター冗長化	リージョン冗長化
特徴	・1つのデータセンター内でサーバーを冗長化することで稼働率を確保。 ・データセンター自体の障害に耐えられない。	・近傍の2つのデータセンターにシステムを冗長化することで稼働率を確保。 ・地震などの大規模災害時には2つのデータセンターとも停止するリスクがある。	・遠方の2つのデータセンターにシステムを冗長化することで稼働率を確保。 ・大規模災害時に強いが、リージョン間のデータ同期など技術難易度が高くなる。
構成イメージ	東京データセンター 利用者 サーバー1 稼働率 90% サーバー2 稼働率 90%	東京データセンター1 利用者 東京データセンター2 サーバー1 稼働率 90% サーバー2 稼働率 90% 数〜十数km	東京データセンター 利用者 大阪データセンター サーバー1 稼働率 90% サーバー2 稼働率 90% 数百km

AWSでのDR戦略

では、AWSを使う場合を考えていきましょう。AWS上にシステムを作る際には**アベイラビリティゾーン**と**リージョン**を意識する必要があります。前述のとおり、1つのアベイラビリティゾーンは1つ以上のデータセンターから構成されており、それぞれのアベイラビリティゾーンの間は数km以上離れていることが明記されています。そのため、**複数のアベイラビリティゾーンを利用するだけで、データセンター冗長化パターンと同じ構成を作り上げることが可能です**。

続いて、AWSには2023年5月現在、31のリージョンが存在しますので(4-6)、複数のリージョンを利用してシステムを作っておけば、リージョン規模の障害に備えることが可能です。例えば、東京リージョンと大阪リージョンを利用してシステムの継続性を確保したとします。東京リージョン全体に被災や障害が生じた場合には、大阪リージョンのシステムをバックアップから起動してDNSで宛先を大阪リージョンに切り替える、または東京リージョンと大阪リージョンのシステムを常時起動して備える、などが考えられます。もちろん、**複数のリージョンにシステムを作るからアベイラビリティゾーンの冗長化が不要というわけではありません**。アベイラビリティゾーンの冗長化は利用しつつ、重要性の高いものはリージョン冗長化も利用するといった戦略を立てる必要があります(**表4-6**)。

4-6 AWSグローバルインフラストラクチャ
https://aws.amazon.com/jp/about-aws/global-infrastructure/

表4-6 システムの重要度と冗長化パターンの例

重要度	影響	冗長化パターン例
重大	システムの停止やデータの損失はビジネスインパクトが甚大で、会社や組織の業務や社会的信用を毀損する。	アベイラビリティゾーン冗長化とリージョン冗長化の組み合わせ
標準	システムの停止が短期間なら会社や組織の業務や社会的信用への影響はない。	アベイラビリティゾーン冗長化
低	システムの停止やデータが損失しても会社や組織への影響はない。	冗長化しない

指標(RTO、RPO、RLO)を定める

DR対策は、万が一の事態に備えるものなので、**システムが停止した場合に事業に影響を与えるインパクトと費やす対策費のバランスをとる必要**があります。それには、「**万が一の事態**」を明確に定義しておく必要があります。例えば、利用者の

大半が関東近郊に居住しているようなシステムに対して、東京リージョンのデータセンターが全滅するほどの災害が発生した場合にシステムを維持したとしても、システムの利用者も被災しているので事業が継続できない可能性があります。その場合には、リージョン冗長化パターンは過剰品質で、データセンター冗長化パターンのみを採用すればよいと判断できます。

そのうえで、DR対策を検討する際に必要な**指標**を定めます。**障害発生によるサービス中断から復旧までの許容可能な時間**(RTO：Recovery Time Objective、目標復旧時間)と、**どの程度のデータ損失を許容するか**(RPO：Recovery Point Objective、目標復旧時点)、そして**システムをどのレベルまで復旧させることを目指すか**(RLO：Recovery Level Objective、目標復旧レベル)を定めます。

RPOは、障害が発生する直前に取得した**バックアップ**で決まります。バックアップ取得と障害発生の間隔が短ければ短いほどデータの消失が少なくなるので、**求めるRPOに合わせたバックアップ取得間隔の設計**が必要となります。RTOは、短ければ短いほど事業上の機会損失を少なくできます。RTOを短くするにはバックアップから素早くリストアするなど、復旧の仕組み作りが必要です。また、システムに障害が発生した際に完全に元に戻せればよいのですが、それには時間がかかります。そこで事業影響が大きい部署のシステムを優先して復旧する、システムの機能を一部分に絞って復旧することを目標としてRLOを定めます。RTO、RPO、RLOの関係は**図4-9**のようになります。

図4-9　RTO、RPO、RLOの関係

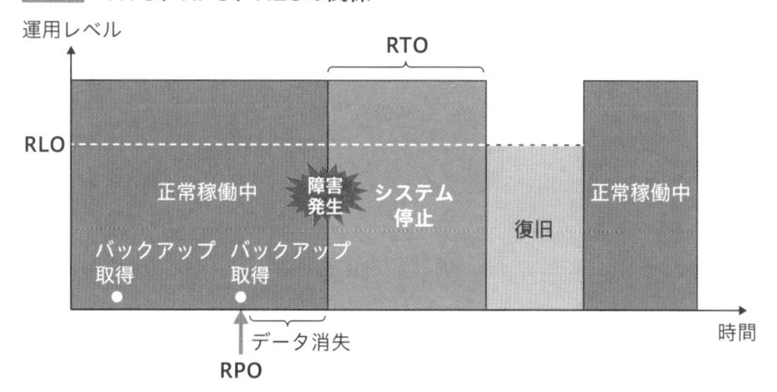

※https://www.ipa.go.jp/sec/std/ent04-d.htmlをもとに作成。現在は本リンク先でのページ掲載は終了しており、国立国会図書館インターネット資料収集保存事業(WARP)にて参照が可能です。https://warp.da.ndl.go.jp/info:ndljp/pid/11487015/www.ipa.go.jp/sec/std/ent04-d.html

DR発動の条件を定める

RTOとRPOを定めたら、**DR発動の条件**や**フロー**、**体制**を定めます。バックアップからシステムをリストアさせる方式を例に考えてみましょう(**図4-10**)。

本番用システムに障害が発生した際に、発生している障害がリージョン規模か自システム単独の障害かをどう判断するのか、そして**バックアップからの復旧作業開始に誰が号令を出すか**、などをあらかじめ定めておく必要があります。特に**DR発動の判断**は難しく、AWSの障害であれば障害が発生したこと自体の通知は出るものの、「いつ復旧するか」は発表されないため、DRリージョンでシステムを稼働させたのに障害が即復旧する、といったことも起こりえます。また、DRへの切り替えで無事にシステムを継続稼働できたとしても、いつかは本番リージョンに戻す必要があります。**復旧作業をいつから始めるか、DRリージョンから本番リージョンへのDNS切り替え実施を誰が判断するか**、なども定めておく必要があります。

また、DR発動のフローや体制を定めたら、防災訓練を定期的に行うのと同様に、**DR発動訓練**を定期的に実施します。手順やコミュニケーションパスの確認、スキルトランスファーを行うほか、AWSマネジメントコンソールの画面が変わっていることもあるので手順のアップデートを行いましょう。

図4-10 バックアップリストア方式でのDR発動の流れ

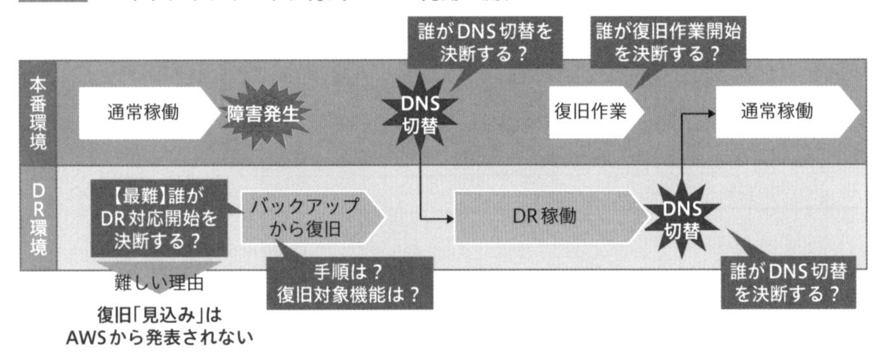

DRの手法を定める

続いて、**DRの手法**を検討します。DRの手法は大きく4種類あり、RTO、RPO

に加えてコストに合わせて選択します(**表4-7**)。

表4-7　DRの4つの手法

	Backup & Restore	Pilot Light	Warm Standby	Active - Active
概要	インスタンスのイメージやバックアップファイルを別リージョンに用意。障害発生時にインスタンスのイメージやバックアップからシステムを再構築する。	Backup & Restoreとほぼ同じだが、データベースだけ別リージョンに起動してデータ同期を行う。障害発生時にデータベース以外のインスタンスのイメージやバックアップからシステムを再構築する。	別リージョンにもシステムを用意しておき、縮退運転もしくは停止しておく。障害発生時に別リージョンのシステムを起動し、DNSの切り替えによって別リージョンにトラフィックを振り分ける。	別リージョンに本番環境と同じシステムを用意、常時稼働しておく。障害発生時にDNSの切り替えによって別リージョンにトラフィックを振り分ける。
RTO / RPOの目安	数時間単位	分単位	秒単位	リアルタイム
システムの重要度	低			高
可用性	低			高
コスト	低			高

「**Backup & Restore**」は最もイメージしやすいDR手法で、DR用のリージョンにインスタンスのAMIイメージやデータのバックアップファイルを保持しておき、障害が発生した際にはAMIイメージやバックアップファイルを利用してシステムを再構築します。システムの再構築は手動で行うと復旧に時間がかかるので、IaC(Infrastructure as Code)で復元できるようにしておくとよいでしょう。Backup & Restoreのメリットは、AMIイメージやバックアップファイルを保持するコストだけで済む点です。デメリットは、障害が発生してからシステムをゼロから構築することになるので、ダウンタイムが必然的に長くなります。そのため、長時間の停止が許容できないシステムには向きません。

停止時間を限りなくなくす手法としては、「**Active-Active**」があります。Active-Activeは文字どおり、DR用のリージョンに本番リージョンと同じシステムを常時稼働させておき、障害が発生した際にはDNSの切り替えによってトラフィックをDR用のリージョンへと切り替えます。DR用のリージョンもシステムを常時稼働することになるので費用はかかりますが、ダウンタイムがほぼないので、停止した際に社会的影響の大きいシステムなどに適用されます。

中間のパターンとして、「**Pilot Light**」と「**Warm Standby**」があります。Pilot LightはデータベースをDR用のリージョンでも起動しておき、データを同期しておくことでデータの損失を防ぎます。Warm StandbyはDR用リージョンでも縮退したシステムを用意して稼働させておき、障害が発生した際にはDNSで宛先をDR用リージョンに向けることでダウンタイムを短くできます。RTO・RPOの要件、かけられるコスト、そして組織として実現可能な運用体制を加味してDR手法を選択しましょう。

4.3 クラウドシステムにおける性能確保

クラウドを活用するメリットとして、リソースを柔軟に増減可能という点があります。これは、仮想マシンの台数を増やせる、スペックを変更できるだけでなく、AWSのマネージドサービスを利用すれば利用者側で性能に関する設定がほとんど不要になることもあります。本節では仮想マシンにスコープを当てて、CPUとメモリを決めることになるインスタンスタイプの選択方法、スケールアップとスケールアウトの選択基準をお伝えします。

4.3.1 インスタンスタイプの選択

AWSの仮想マシンサービスであるAmazon EC2において、仮想マシンであるインスタンスを作成する際に難しいのがCPU・メモリサイズである**インスタンスタイプの選択**です。**インスタンスタイプ**は2023年5月時点で400以上あり、re:Inventなどのイベントが開催されると新しいインスタンスタイプがリリースされるため、適切なインスタンスタイプを選択することが難しいと言えます。**単純に必要なvCPU数とメモリサイズのみで選択すると期待した性能が出ないだけでなく、最悪の場合にはアプリケーションが動作しない場合があります**。

インスタンスタイプの概要

まず、インスタンスタイプの表記ルールから確認しましょう(**図4-11**)。

先頭のアルファベットは**インスタンスファミリー**を示しており、vCPUとメモリサイズ、ディスクIOなどの特徴に合わせてラベリングされています。左から2つ目の数字は**インスタンス世代**を表しており、数字が大きいほうが同じインスタンスファミリーでも最新であることを意味します。例えばm5インスタンスはインテル Xeon Platinum 8175M プロセッサであるのに対して、m6インスタンスは第3世代のインテル Xeon スケーラブルプロセッサであるとされています。数字の後に続くアルファベットは**属性（インスタンスに付随する追加機能）**を説明しています。例えばネットワーク帯域を強化してあるもの、CPUがインテル製、AMD製、AWSが作成したARMベースのCPUであるAWS Graviton2プロセッサ（4-7）のいずれかを識別するもの、などがあります。ドット以降は**インスタンスのサイズ**を表しており、インスタンスファミリーによりますがnanoから48xlargeまで展開されています。サイズが大きくなるごとにvCPU数とメモリサイズが一定の係数で増加していきます。当然インスタンスサイズが大きいほうが高性能ですが、費用も増加します。

図4-11　インスタンスタイプの読み方

4-7　AWS Gravitonプロセッサ
https://aws.amazon.com/jp/ec2/graviton/

このように、インスタンスファミリー、インスタンス世代、インスタンスサイズの組み合わせに加えて追加機能もあるために、適切なインスタンスタイプを選択することが難しくなっています。インスタンスファミリーは**汎用**、**コンピューティング最適化**、**メモリ最適化**、**ストレージ最適化**、**高速コンピューティング**の5つのグループに大別されています（HPC最適化というグループも登場しましたが、2023年5月現在では当グループに所属するインスタンスタイプは米国東部（オハイオ）とGovCloud（西部）のみで利用可能なため、本書では対象外とします）。

インスタンスタイプの選び方

インスタンスタイプの選択は、vCPUとメモリサイズのバランスがとれている**汎用のインスタンスファミリー**から行いましょう。なお、汎用のインスタンスファミリーには**m系**と**t系**をはじめとするインスタンスファミリーが所属します。t系のインスタンスファミリーは**バーストパフォーマンスインスタンス**と呼ばれ、**普段はCPUをあまり使用しないものの時折CPUを消費するようなワークロード**に最適化されています。m系とt系で同じインスタンスサイズを選択した場合には、t系のほうがコストを抑えることが可能です。しかし、バースト可能な時間はインスタンスサイズによって決まっており、超過すると追加コストが発生します。そのため、CPU使用率の見通しが立たない段階でt系インスタンスタイプを選択することはリスクとなります。したがって、**ワークロードの見通しが立たない段階ではm系インスタンスを基準に選択しましょう**（表4-8）。

続いて、**属性**を選択します。属性はいくつかありますが、CPUの種別の違いを示すものとしてインテル製プロセッサである**i**、AMD製プロセッサの**a**、AWS Gravitonプロセッサである**g**の3種類が用意されています。g属性のインスタンスタイプが他2つのインスタンスタイプと比較してコストは最も低額ですが、ARMベースのCPUをサポートしないソフトウェアも存在します。そのため**インテル製のプロセッサであるi属性**をベースに考えておいたほうが無難と言えます。

最後に**インスタンスサイズ**の違いです。インスタンスサイズはCPUとメモリのサイズを示しており、倍率の数字が増えるのと比例してCPUとメモリも増えます。当然、コストも同じく比例して増えていきます。補足ですが、nano ～ smallまではt系のインスタンスファミリーでのみ選択できます。

第4章 非機能要件のノウハウ

表4-8　m系インスタンスのvCPUとメモリの対応表

インスタンスタイプ	vCPU	メモリ (GiB)
m6i.large	2	8
m6i.xlarge	4	16
m6i.2xlarge	8	32
m6i.4xlarge	16	64
m6i.8xlarge	32	128
m6i.12xlarge	48	192
m6i.16xlarge	64	256
m6i.24xlarge	96	384
m6i.32xlarge	128	512
m6i.metal	128	512

まとめると、**m6iインスタンスタイプ**でワークロードを稼働させてみたうえで、vCPUやメモリなどのメトリクス情報を収集して性能が出ないようであれば、必要となるメモリサイズやvCPU数、ストレージ性能に合わせて特化したインスタンスファミリーグループに属するインスタンスタイプに変更していくやり方をお勧めします。

図4-12 インスタンスタイプの選び方

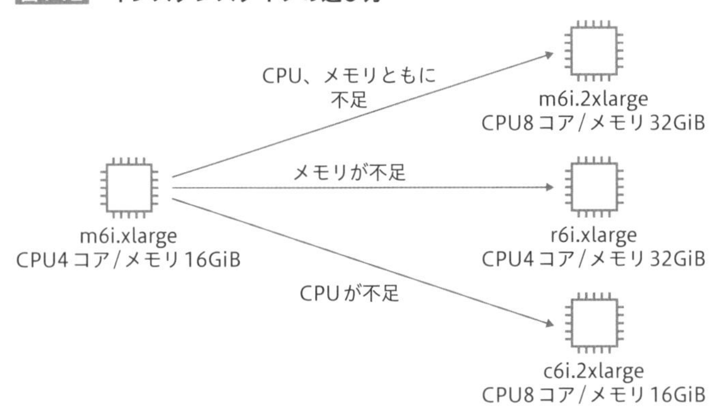

4.3.2 スケールアップとスケールアウト

クラウドのシステムのメリットとして、性能が不足した場合に容易に**スケールアップ**と**スケールアウト**が可能な点があります。まずはスケールアップとスケールアウトをおさらいしましょう。

スケールアップとスケールアウトの概要

スケールアップは**サーバーのスペックを強化することで処理性能を確保する方法**です。Amazon EC2であればインスタンスファミリーを汎用インスタンスからCPU最適化へ変更したり、インスタンスサイズをより大きいものへ変更したりすることでCPUやメモリサイズを確保することを意味します。スケールアップの強みと弱みは、以下のとおりです。

強み

- OSやミドルウェアの設定を変更することなく、インスタンスタイプの変更だけで性能を確保できるため、対応が容易

弱み

- インスタンスタイプの変更には対象のEC2インスタンスを停止しておく必要があるため、ダウンタイムが生じる
- インスタンスタイプの種類以上のスペックを確保することはできない

一方、**スケールアウト**は性能が不足した際に**EC2インスタンスを増やすことで処理性能を確保する方法**です。スケールアウトの強みと弱みは、以下のとおりです。

強み

- 既存のEC2インスタンスとは別に、新たにEC2インスタンスを用意することになるので、ダウンタイム無しで性能を向上できる
- 配置可能なEC2インスタンスの数だけ性能を増やせる

弱み

- スケールアウトで増やしたEC2インスタンスにも処理リクエストが届くようにロードバランサーなどをあらかじめ準備しておかなければならない
- 連続した処理リクエストが複数あるEC2インスタンスに分散して届くことになるので、各々のEC2インスタンス上のアプリケーション間で処理リクエストの結果を共有できる仕組みを実装しておかないと、前後の処理リクエストとの整合性がとれなくなってしまう場合もある

なお、**スケールアウトで増やせるインスタンス数**は、インスタンスを配置するネットワークのCIDRによって上限が決まります。また、オンデマンドインスタンスの場合には、vCPU数の合計でクォータが決まっていますので(4-8)、必要となるvCPU数がクォータに達してしまった場合には上限緩和申請を行う必要があります。

4-8 EC2オンデマンドインスタンス制限
https://aws.amazon.com/jp/ec2/faqs/#EC2_On-Demand_Instance_limits

スケールアップとスケールアウトの使い分け

一般的に、スケールアップはDBサーバー、スケールアウトはアプリケーションサーバーやWebサーバーに向きます。DBサーバーは、書き込み処理を複数で行わないように排他制御が行われます。そのため、複数のサーバーで処理しようとしても、排他制御によって書き込み性能の向上は見込めません。性能を上げるためには、処理を高速に行えるようにサーバーのスペックを上げることになります。

表4-9 スケールアップとスケールアウトの使い分け

	スケールアップ	スケールアウト
概要	サーバーのCPU・メモリを大きくすることで対処する。 2コア 8GB → 8コア 64GB	サーバーの台数を増やすことで対処する。 8コア 64GB ×1台 → 8コア 64GB ×3台
強み	• 設定変更することなく、性能を上げることができる。	• (台数が置ける限り)どこまでも性能を向上できる。 • ダウンタイムが無い。
弱み	• ダウンタイムが発生する。	• アクセスのたびに異なるサーバーにアクセスすることになるため、**アプリケーションによっては対応できない**。
利用例	• DBサーバー	• Webサーバー • アプリケーションサーバー

スケールアップとスケールアウトによって性能を拡張できるとはいえ、性能拡張には費用がかかります。**性能が不足してしまう原因を特定して、取り除くことも必要です**。原因特定を行うには、性能に関するデータ情報やアプリケーションをはじめとする処理プロセスの実行内容を収集して分析を行う必要があります。具体的には**4.4**節「オブザーバビリティの確保」で解説します。

4.4 オブザーバビリティの確保

システムは作り上げたら終了ではなく、保守運用していく必要があります。システムを動かしていると、通常とは異なる負荷がかかったり、アプリケーションに異常が生じて最悪の場合サービスが停止したりといった事象が起こるものです。万が一の事態に備えてシステムをあらかじめ監視しておく必要があるのは、オンプレミスでもクラウドでも同様です。しかし、監視の観点は異なります。オンプレミスとは異なり、クラウドではハードウェアがありませんし、クリックひとつでリソースが増減できてしまいます。そのため、クラウドに合わせた監視とログの扱い方を理解しておく必要があります。

本節では、システムの監視の目的をあらためて確認し、クラウドにおけるシステム監視とロギングの勘所を解説します。

4.4.1 何のためにシステムを監視するのか

オンプレミスとクラウドの違い

システムを**監視**する目的は、**システムの異常を検知する、もしくは未然に防ぐこと**です。システムの異常は、CPU使用率の高騰やプロセスの停止、ハードウェアの故障などさまざまな要因があります。また、**ログ**を収集してOSやアプリケーションの異常を知らせるメッセージを検知する、リソースに異常が生じたときにログをもとに原因を分析する、などが行われています。

オンプレミスとクラウドのシステムの大きな違いとして、データセンターやハードウェアの保守運用はクラウドベンダーに任せられるという点があります。ハードウェアの故障対応や寿命による更改は、利用者が意識する必要は一切ありません。また、オンプレミスのシステムではCPUやメモリなどのリソースは、サーバーの台数に制限されます。サーバーの台数は接続可能なネットワーク機器や、サーバーをラッキングするラックなどファシリティの制限を受けます。そのため、リソースが不足しても、増加させるにはファシリティやネットワークの拡張、サーバー調達や設定、試験を行わなければならず、簡単には増設できません。一方、クラウドではリソースを無限に、即座に増加させることができます。そのため、アプリケーションの性能が足りない場合には、新規追加が容易に可能です（**図4-13**）。

図4-13　オンプレミスとクラウドのキャパシティの違い

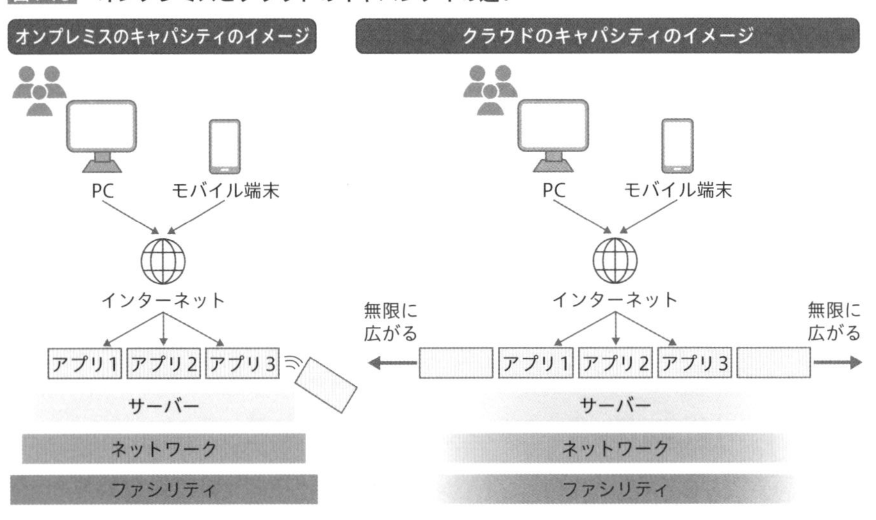

キャパシティが無限に確保できるということが、システムのモニタリングにどういう影響を与えるでしょうか。CPU使用率が80％程度で動いているシステムを例に考えてみましょう（**図4-14**）。

オンプレミスの場合だと、キャパシティを即座に増やせないため、負荷がさらに増えた場合キャパシティがひっ迫してサービス提供に影響が出る可能性があります。そのため、**アラートを発報するようにして、キャパシティ不足を検知できるようにしておきます**。一方、クラウドであればキャパシティを余らせておくとその分だけコストが発生しますので、サービス提供に影響が出ないキャパシティが確保できていれば、キャパシティとしては十分です。負荷が増えた場合はキャパシティを自動的に追加できればよいので、**CPU使用率などのメトリクスはデータとして収集し、イベントの契機としては使いますが、アラートとして運用者に通知することは必ずしも行わなくてもよい**と言えます。

図4-14　オンプレミスとクラウドのキャパシティ監視の違い

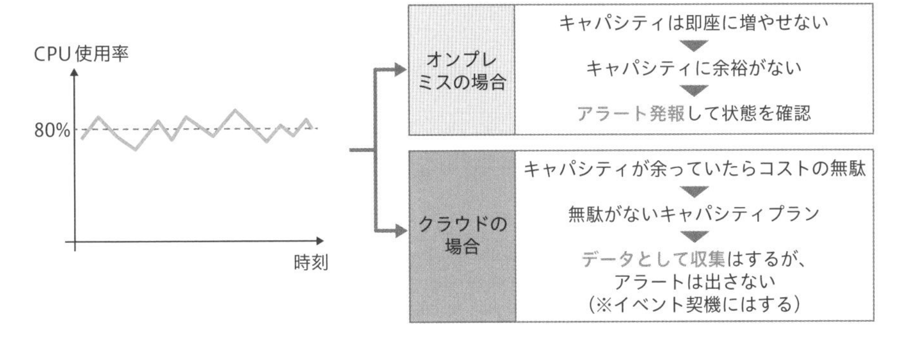

オブザーバビリティという考え方

システムを監視するそもそもの目的は、「システムに異常があり、サービス提供できていないことを検知する」ためです。ここで**異常**というのは、サービスの停止だけではなく、利用者が不満を感じるほどサービスの応答が遅いという顧客体験に悪影響があるものを含みます。利用者側からすれば**サービスの応答時間や実行した処理が正しく行われるか**に興味があり、システム運用者側からすれば

図4-15　システム利用者とシステム運用者の関心のギャップ

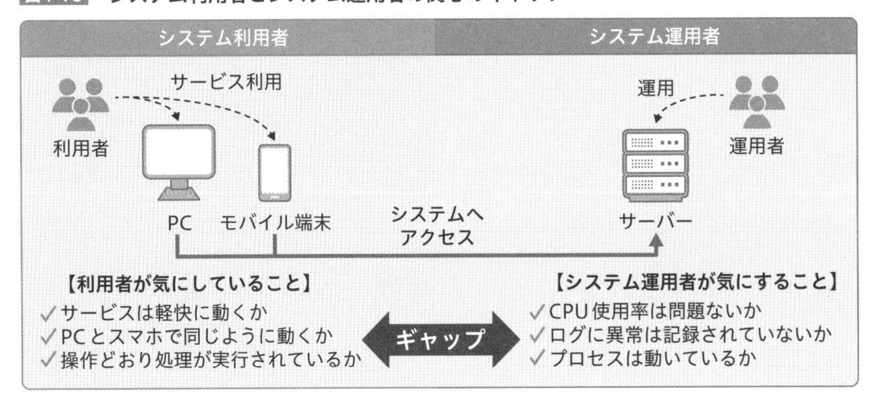

CPU使用率やアクセスログの情報などがリソース追加の判断やトラブルシューティングに必要です(**図4-15**)。このように利用者とシステム運用者の間で見ている指標が異なっていては、ユーザーエクスペリエンスはいつまでも高めることができません。

クラウドでシステムを構築する際には、複数のサービスを組み合わせて構築することになりますので、どこのサービス間が遅延を起こしているかの原因究明の難易度はさらに高くなります。そこで登場した考え方が「**オブザーバビリティ**(Observability、可観測性)」です。これは、**いつ、どこで、何が起こっているかをどれだけ把握できるようになっているか**を示すものです。具体的には、システムの**メトリクス**や**ログ**、**トレース情報**の一元的な収集・分析を可能にすることで、オブザーバビリティを確保できます(**図4-16**)。先のサービスの例で言えば、利用者が実行したリクエストとアプリケーションが発行したクエリ、その際の各種メトリクスと、アプリケーションのログを統合的に分析することで、サービスの応答遅延の真因を洗い出して対処することができます(**図4-17**)。図は単純なイメージなので、SQLクエリが遅いのであればそれが原因だろうとすぐにわかりますが、**実際のシステムでは何百万、何千万というリクエストが、ログやトレースに記録されており、利用者が遅いと感じているリクエストとSQLクエリの関係性を見出すことは困難です**。ログ、メトリクス、トレースをそれぞれ個別に見ていては真因にたどり着けず、オブザーバビリティを高めることがいかに大切であるかがおわかりいただけるかと思います。

図4-16　オブザーバビリティを構成するもの

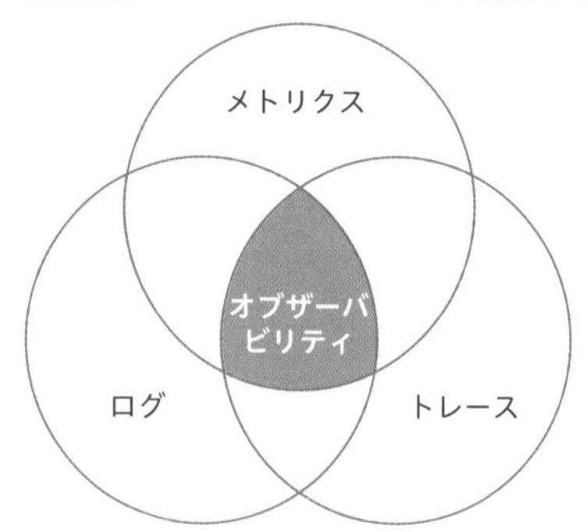

図4-17　オブザーバビリティの効果のイメージ

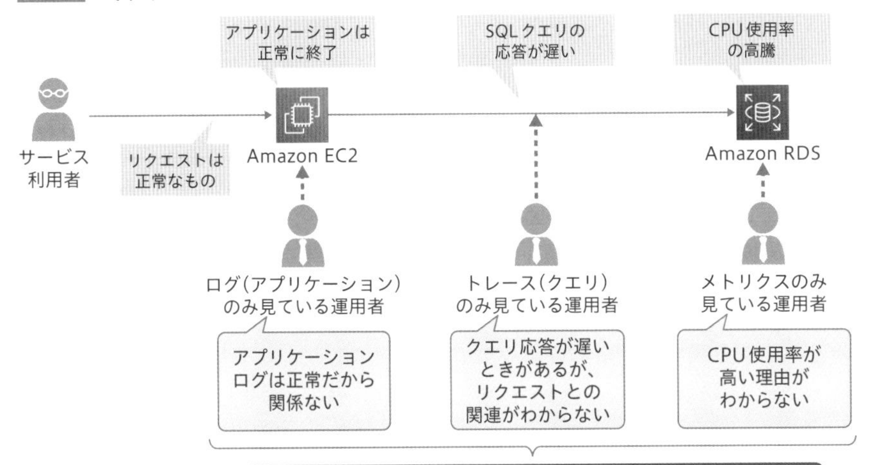

オブザーバビリティを実現するAWSサービス

オブザーバビリティを実現するためのAWSサービスとして**Amazon CloudWatch**があります(**図4-18**)。Amazon CloudWatchはシステムモニタリングに必要な多くの機能を有しており、AWS上で実行しているリソースが生成するログやメトリクス情報を収集して、分析する機能を有しています。また、アラームやダッシュボードの機能を有しているため、システムの異常発生時に運用者へ通知を行い、ダッシュボードでシステム状況の大枠を確認してから詳細調査を行うことが可能です。機能が多いうえに、説明だけ見ると使い分け方がわかりにくいものもあります。本書では個々の機能の詳細は解説しませんが、ぜひハンズオンなどを通じて使ってみることをお勧めします。

図4-18 CloudWatchの有する機能の概要

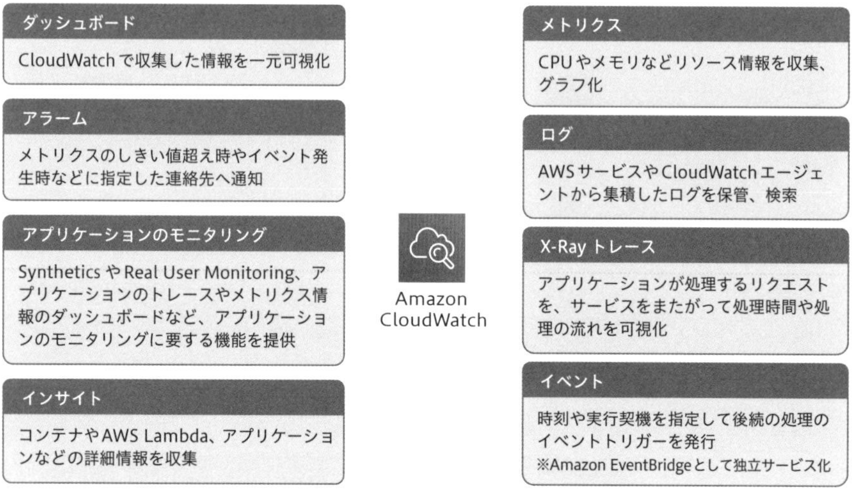

ダッシュボード
CloudWatchで収集した情報を一元可視化

アラーム
メトリクスのしきい値超え時やイベント発生時などに指定した連絡先へ通知

アプリケーションのモニタリング
SyntheticsやReal User Monitoring、アプリケーションのトレースやメトリクス情報のダッシュボードなど、アプリケーションのモニタリングに要する機能を提供

インサイト
コンテナやAWS Lambda、アプリケーションなどの詳細情報を収集

メトリクス
CPUやメモリなどリソース情報を収集、グラフ化

ログ
AWSサービスやCloudWatchエージェントから集積したログを保管、検索

X-Rayトレース
アプリケーションが処理するリクエストを、サービスをまたがって処理時間や処理の流れを可視化

イベント
時刻や実行契機を指定して後続の処理のイベントトリガーを発行
※Amazon EventBridgeとして独立サービス化

4.4.2 ログとトレースの収集

AWS上のシステムのログとトレース

システムのログとトレースを収集するためにも、まずはそれぞれどのような種類があるのかを把握しましょう（**図4-19**）。

AWSアカウント上のIAMユーザーがどういう操作を行ったのか、どのAWSサービスのAPIが実行されたかを記録するサービスとして、**AWS CloudTrail**があります。また、AWSアカウント上のリソースの変更履歴を保持するサービスとして、**AWS Config**にログ機能があります。これらのサービスを使うことでAWSアカウント上のログを取得可能です。

続いて、**各AWSサービスが出力するログ**があります。例えばVPC内部に存在するネットワークインターフェース間でのトラフィック情報を記録する**VPCフローログ**や、負荷分散のために利用するELB（Elastic Load Balancing）やストレージサービスであるS3バケットへのアクセスを記録する**各種アクセスログ**、Webアプリケーションファイアウォールのサービスである AWS WAFでどのルールに則ってアクセスを許可したかなどを記録する**ウェブACLログ**など、それぞれの

AWSサービスがログを出力できます。これらはAWSのサービスにて設定を行うことでログを取得できます。AWSのサービスなので、S3やAWSのログ収集サービスであるAmazon CloudWatch Logsとの連携はAWSマネジメントコンソール上で設定可能なものがほとんどです。

AWSのサービス以外が出力するログの例としては、EC2のOSやミドルウェアが出力する**システムログ**やミドルウェアの**エラーログ**があります。また、トレースの例は、データベースへ発行した**SQLクエリ**や、アプリケーションへの**リクエストのログ**などがあります。これらのログやトレースは出力元がもちろんAWSではないので、ログを収集するためには**CloudWatchエージェント**の導入など、ひと手間必要です。

図4-19　AWS上の各レイヤで出力されるログとトレースの例

タイプ	例
トレース	✓SQLクエリ ✓リクエストログ
EC2/ミドルウェア	✓システムログ ✓ミドルウェアのエラーログ
AWSサービス	✓VPCフローログ ✓ELBアクセスログ ✓S3バケットのアクセスログ ✓AWS WAF ウェブACLログ
AWSアカウント	✓AWS CloudTrail ✓AWS Config logs

ログを保管する場所

続いて、ログをどこに保管するかを考えていきましょう。ログを収集するサービスである**CloudWatch Logs**は、各AWSサービスからのログ収集が容易なほか、EC2インスタンスへ**CloudWatchエージェント**を導入すればログを収集可能です。また、CloudWatch Logs Insightsを使えばログの分析が可能です。しかし、ログを格納することに注目すると、S3と比べて30倍近い費用がかかります（**図4-20**）。

では、機能面ではどうでしょうか。**CloudWatch Logs**に保管したログは**CloudWatch Logs Insights**にて分析でき、**CloudWatchアラーム**を使ってログメッセージに特定のメッセージが出た場合にアラート通知を出せるなど、運用に必要な連携サービスが揃っています。一方、S3単独でもログの分析はできますが、クエリ文を書かなければならないなど、システムの運用時の利用には不向きです。S3はあくまでストレージサービスなので、ログの分析やアラート通知などを行いたい場合は他のAWSサービスと連携しなければなりません。

使い分けとしては、直近のログ、例えば**1カ月はCloudWatch Logsに格納しておいて分析やアラート通知に利用**します。**以降はS3にログをアーカイブしておいて、監査などで必要になったらS3からログを取り出す**、といったログ保管のルールを定めておくとコストを抑えられるでしょう。

図4-20 CloudWatch Logs（左）とS3（右）のコスト比較

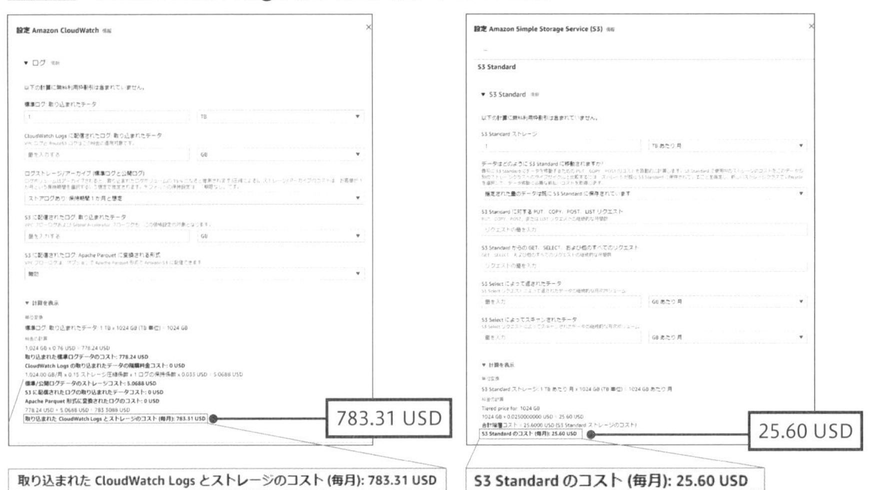

AWSのサービスが出力するログの流れ

AWSのサービスが出力するログの流れをまとめてみましょう（**図4-21**）。

図4-21 ログの全体像

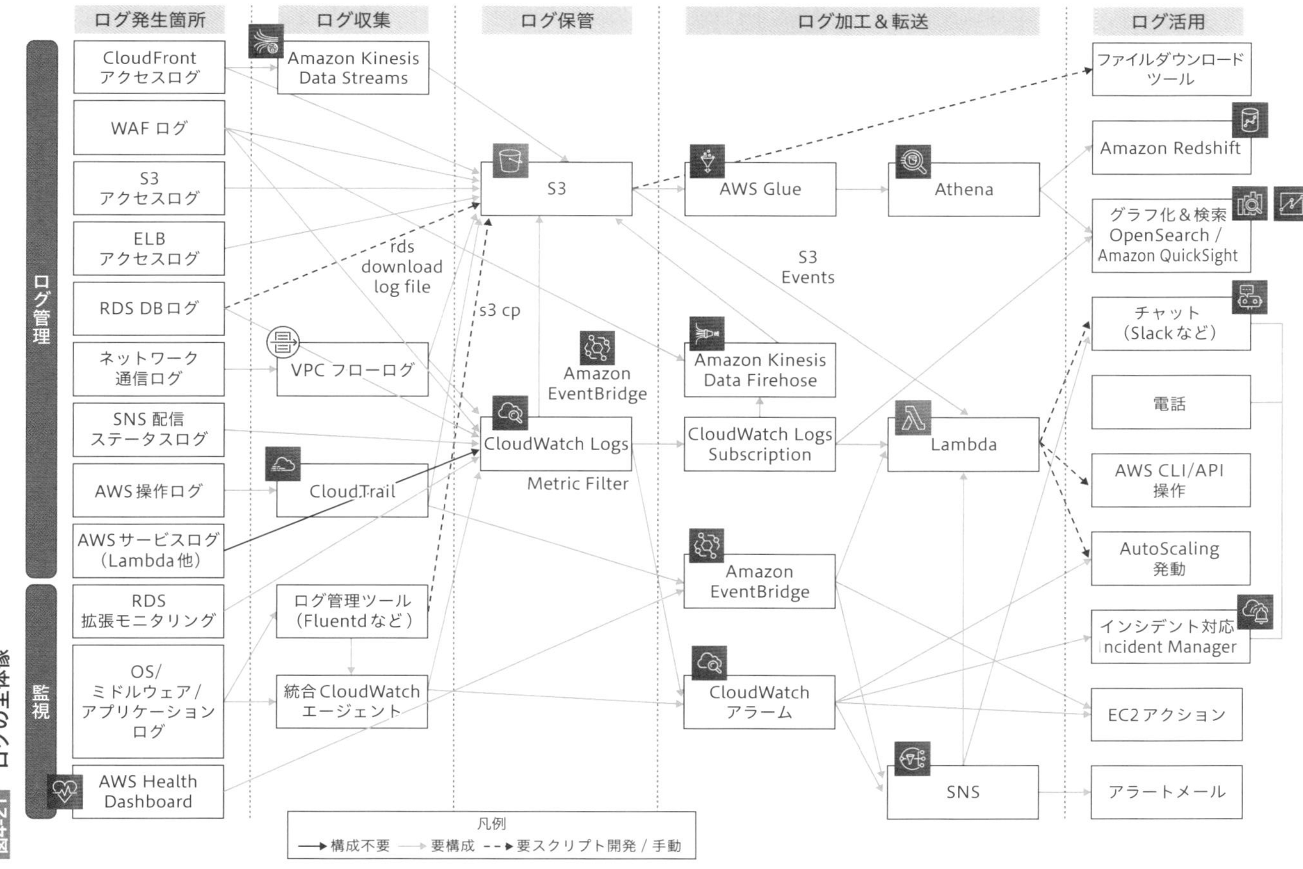
ログ発生箇所
ログ収集
ログ保管
ログ加工&転送
ログ活用
ログ管理
監視
CloudFront アクセスログ
WAF ログ
S3 アクセスログ
ELB アクセスログ
RDS DBログ
ネットワーク通信ログ
SNS 配信ステータスログ
AWS操作ログ
AWSサービスログ（Lambda他）
RDS 拡張モニタリング
OS/ミドルウェア/アプリケーションログ
AWS Health Dashboard
Amazon Kinesis Data Streams
rds download log file
VPC フローログ
CloudTrail
ログ管理ツール（Fluentdなど）
統合 CloudWatch エージェント
S3
s3 cp
Amazon EventBridge
CloudWatch Logs
Metric Filter
AWS Glue
S3 Events
Amazon Kinesis Data Firehose
CloudWatch Logs Subscription
Amazon EventBridge
CloudWatch アラーム
Athena
Lambda
SNS
ファイルダウンロードツール
Amazon Redshift
グラフ化&検索 OpenSearch / Amazon QuickSight
チャット（Slackなど）
電話
AWS CLI/API 操作
AutoScaling 発動
インシデント対応 Incident Manager
EC2アクション
アラートメール
凡例
構成不要
要構成
要スクリプト開発 / 手動

ログはさまざまなサービスから生成されますが、ログを保管する先はCloudWatch LogsかS3のいずれかになります。保管したログは活用のために加工したうえで、アラートメールの発出や、Auto Scalingの発動、グラフ化や検索するサービスへ連携するなど、活用するためのサービスへと送ります。ここでポイントとなるのは、**ログを出力するサービスによってログ保管先に選択できるサービスが決まっていること**、**ログの形式が異なること**です。ログの形式は、単純なテキスト形式のログもあれば、JSON形式のログもあります。また、ログの中に記載されている情報も異なります。そのため、単純に1カ所に集約するだけでは統合的に分析することができず、一定の加工を行う必要があります。

4.4.3 オンプレミスからクラウドへのモニタリングの移行

システムの監視やロギングの実装パターンを見てみましょう。オンプレミスからのリフトの場合、**オンプレミスで利用していた監視ツール(Zabbix、Hinemosなど)も合わせてクラウドへリフトするパターン**があります。既存の監視ツールがそのまま利用できるため運用の変更が生じないメリットがありますが、監視ツールの可用性確保や監視ツール自体のメンテナンスを行わなければならないなど、システムをクラウドへリフトしたメリットを捨てることになります。

AWSの監視サービスである**CloudWatch**や分析サービスである**Amazon OpenSearch Service**などマネージドサービスを利用すれば、可用性の確保や監視ツールのメンテナンスは一切考える必要がありません。また、監視を専門に行うSaaSも各種出ているので、それらを活用することでAWS以外のシステムからのログやメトリクスを集約できたり、ダッシュボードが提供されたりといったメリットがあります。

SaaSを使うデメリットは、別途追加コストがかかることに加えて、SaaSの仕様によっては**ログやメトリクスの情報を海外のデータセンターに送信することになる点**があります。特にログには重要情報を含む可能性があるので、海外へ送信してもよいのか、システム要件と照らし合わせて採用を検討する必要があります。

例えばSaaSへログを転送する前に重要情報をマスク処理するなどの対策も可能ですが、そこまでしてSaaSを活用するメリットがあるかは検証が必要です。

オンプレミスからのリフトで既存の運用からの脱却が難しい場合は、段階的に移行できないかを検討しましょう。複数のシステムをクラウドへ移行しているなら、一部のシステムだけで**CloudWatch**や**監視SaaS**へ移行し、運用手順の変更点や、移行したことによる効果を確認しましょう。**図4-22**はシステムの一部からクラウドの運用サービスを利用し始め、効果を評価した後に全システムでクラウドの運用サービスを活用する例です。Cシステムを利用してクラウドの運用サービス（図中ではCloudWatchを載せていますが、監視SaaSでも同様）を評価しています。ここでポイントとなるのは、**Cシステムのメトリクスやログを既存の監視ツールにも送っておくこと**です。システムの障害や特異な運用が迫られる状況はいつ何時発生するかわかりません。そのため、新しい運用ツールにしか分析に必要なデータが存在しないとなると、万が一の場合に障害対応に時間がかかる、もしくは対応手順が不十分で対応できないなどのトラブルが生じます。こうしたトラブルを回避するため、監視サービスの評価期間中は既存の監視ツールにも並行してログなどのデータを送っておきましょう。

図4-22　クラウドの監視サービスへの移行

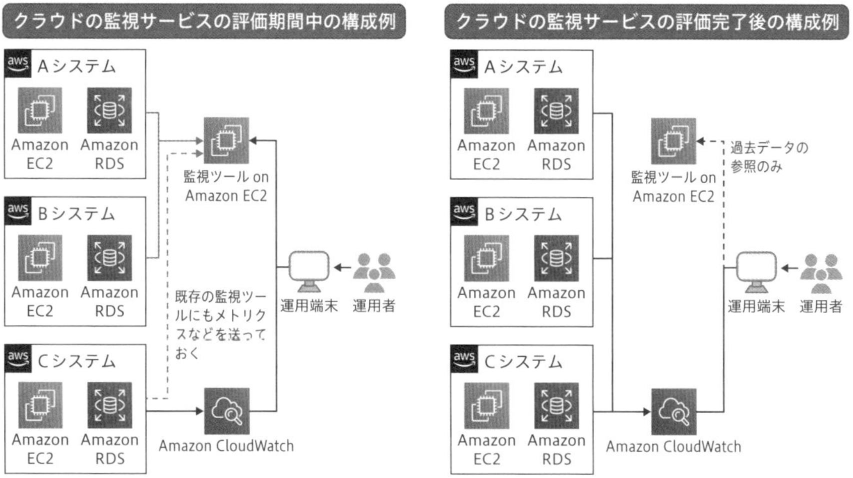

監視サービスの評価

監視サービスの評価のための構成ができたら、クラウドの監視サービスへ移行するメリットが得られるか評価軸を定めて、評価を行います。**表4-10**にあるように、**単純なコストの観点だけでなく、運用業務が効率化、クラウド最適できるかなど、多角的に評価します**。例えば、オンプレミスから運用手順が変わるために初期は教育コストがかかりますが、クラウド化によって業務の自動化が望めるのであれば、投資対効果を評価する必要があります。一方、セキュリティ要件や、運用室などオンサイトでないとできない業務があるのであれば、どこからでも業務が可能であるクラウドのメリットが出にくい場合もあります。事前に評価軸を定めておき、現行の運用を継続するか、他のシステムもクラウドサービスを使った運用に変更するかを判断しましょう。クラウドサービスを使った運用にメリットがないと評価できた場合には、取りやめることが容易であることもクラウドの強みです。

表4-10 監視ツールをクラウドへ移行する効果の評価軸の例

大項目	小項目
コスト	• 監視サービスやSaaSの利用料は想定どおりか • クラウド化で運用者の役務は削減可能か
効率化	• 運用業務の自動化/効率化は可能か • リソース管理、キャパシティ管理、インシデント管理などの自動化/効率化は可能か • 運用業務の提供時間、デリバリー時間など運用業務の指標は向上できるか
教育	• 運用者へのスキルトランスファーは可能か • 属人的な運用作業にならないか
クラウド最適	• オンサイトでないとできない運用業務があるか • セキュリティ要件上、クラウドでの運用の妨げになる条項はあるか

4.4.4 アラートの取り扱い

アラートの通知方法

最後に、システムから異常を通知する**アラート**の取り扱いについて考えましょう。オンプレミス、クラウドを問わず、システムからのアラート発報は異常事態を知らせるものであり、復旧改善に向けて対応が求められます。迅速な復旧対応のためには、発出するアラートは効果的なものであり、また通知方法はよく検討しなければなりません。例えば、**メール通知**は異常の内容を詳細に記述できて便利ですが、メールを読める環境でなければ対応できません。一方、**電話での通知**は詳細な情報を伝えるのが難しい場合もあります。そのため、**電話とチャットの両方で通知**を送るようにしておくと、電話では最低限のメンションだけ行い、詳細はチャットで見るというオペレーションが可能となります。また、**チャット通知**ではメトリクスの時間変化を添付できるほか、そのまま対応策を議論することが可能なので、メールよりもスムーズにトラブル対応ができます。(**図4-23**)

図4-23　メール通知(左)とチャット通知(右)の例

通知方法の使い分け方

では、電話とチャットもしくはメール通知をどのように使い分ければよいでしょうか。これはシステムや運用体制によって異なるので一概に言うことは難しいですが、**インシデントの致命度と、対応にかかわる要員に合わせて分ける**とよいでしょう。例えば、サービスが完全に停止していることを示すインシデントからの通知は、Tier1への電話とチャット通知を行って駆けつけ対応してもらうだけでなく、上位であるTier2へ同時に通知しておくことで早期からリカバリに向けた対応を検討できます(**表4-11**)。縮退運転でサービス提供が継続できているレベルであれば、Tier1への電話とチャット通知として、アラート通知を受けた場合はTier1にて定めたオペレーションを実施したうえで、Tier2へエスカレーションを行います。また、性能劣化やエラーなどの軽微なインシデントはチャット/メール通知のみにとどめ、通常の運用時間帯での対処を行います。

表4-11　インシデント内容とアラート通知先の整理例

	電話(Tier2)	電話(Tier1)	チャット/メール通知	静観
致命的 **(完全停止)**	・外形監視の失敗 ・ターゲットグループのHealthyHostCount数が0 ・ログ監視(致命的なレベル)			
重大 **(縮退運転)**		・外形監視の応答遅延(危機的なレベル) ・Disk監視(残量10%以下) ・ターゲットグループのUnHealthyHostCount数が1以上 ・システム/インスタンスステータスチェックの失敗 ・ログ監視(警戒、危機的レベル)		
軽微 **(性能劣化やエラー)**			・外形監視の応答遅延(警告レベル) ・Disk監視(残量15%以下) ・ログ監視(エラーレベル)	・各種メトリクス(CPU/memory/etc.) ・各種ログ(エラーレベルで抑止済みを含む)
正常				

運用の自動化

アラート通知を契機として手動のオペレーションを行うだけでなく、各種クラウドサービスを利用して**オペレーションを自動的に実行して復旧させること、定型のオペレーション作業を自動化すること**が可能です。実装できる運用自動化の例もシステムによってさまざまですが、例えば以下のようなことが可能です。

- 異常が起きたインスタンスを再起動する
- ウイルスを検知したら対象のインスタンスのセキュリティグループを外部送信が一切できないものに置き換えてネットワークから仮想的に切り離す
- 障害発生時に初動対応で実行する定型オペレーション作業を自動実行して、結果をチャットに通知する　など

オペレーションの自動実行の契機は**CloudWatchアラーム**からのアラート通

知とし、**AWS Systems Manager Incident Manager**にインシデントを登録します。Incident Managerには**AWS Systems Manager Automation**を使って、定型運用業務や復旧作業を登録したランブックを実行できます。並行してCloudWatchアラームから**Amazon SNS**経由で**AWS Lambda**を実行させて、復旧作業を実行することも可能です。Amazon SNSからは**AWS Chatbot**経由でチャットツールに障害発生を通知します。

実装パターンは他にも実現可能で、例えばSystems Manager Incident ManagerからChatbot経由でチャットツールに通知を送ることもできますし、AWS Lambdaからワークフローサービスである**AWS Step Functions**を起動すれば、複雑な処理を行うことも可能です。また、このような運用の自動化は、**システムリリース前に全パターンを網羅することは困難**です。実際に運用を行いつつ、頻出するものや手順が煩雑で手動ではミスするリスクあるものを優先的に追加実装していきましょう。

図4-24 運用の自動化

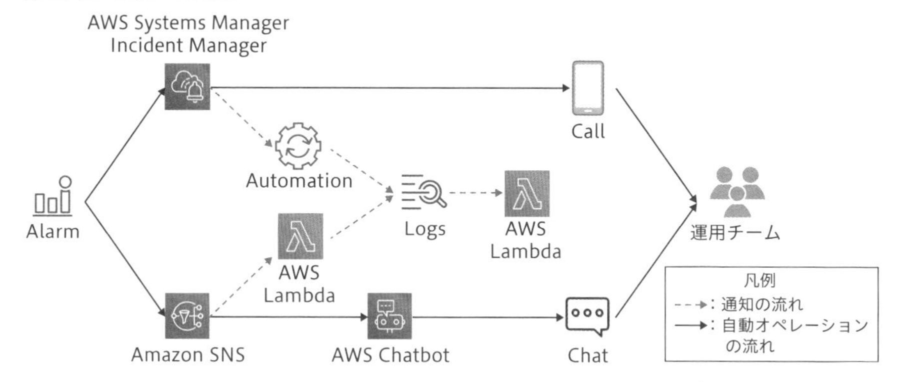

第5章

クラウドアーキテクティングの実践例

ここまでの章でアーキテクティングのノウハウをお伝えしてきました。この章ではそれらのノウハウを架空のシステム要件に適用していくことで、アーキテクティングの判断ポイントをお伝えします。

5.1 システム要件

本節では、後続の節でアーキテクティングを行う際のインプットとなる架空のシステム要件を定めます。実際のシステム要件はもっと厳しく複雑な要求となりますが、あくまでアーキテクティングの練習用だとお考えください。実際のシステム要件の定義の際にも、本節の内容がヒアリングのポイントとなります。

5.1.1 設定した架空の要件

「エンタープライズアプリケーションを利用したコーポレートサイトのクラウドへの移行」プロジェクト

システム要件

- エンタープライズアプリケーションは最新バージョンを利用する（リフト）
- エンタープライズアプリケーションの保守契約は必須
- 本番環境は可用性が必須
- 開発用と検証用の環境を要する
- 開発用と検証用の環境は平日日中帯だけ稼働
- RTO/RPOは6時間
- 災害対策は最低限としたい
- アクセス数は月末に20%程度増加するが、それ以外は安定
- 監査用にログは1年間保持する。1カ月分のログは集計のために利用するが、以降は利用しない

5.2 構成検討のポイント

5.1節のシステム要件をもとに、AWS環境のアーキテクティングを行っていきます。具体的にはAWSアカウントにおけるマルチアカウントアーキテクチャ、DR戦略、ログの保管要件の構成を決めていきます。また、コストの観点ではSavings Plansなどを購入するか否かの判断を行っています。

5.2.1 マルチアカウントアーキテクチャ

前述のとおり、AWSアカウントはワークロード(クラウドで実行されるアプリケーション、サービス、機能、一定量の作業)ごとに分割することがベストプラクティスです。

請求を統合するAWSアカウント(**管理アカウント**)にはリソースを配置しないため、独立した1つのAWSアカウントとして用意します。

AWSのマルチアカウント環境を提供するサービスである**AWS Control Tower**を使うと、**ログアーカイブ用のAWSアカウント**と**監査用のAWSアカウント**、それらを束ねる**OU (Organizational Unit、組織単位)**というグループが生成されます。5.1節のシステム要件では、開発用、検証用、本番用の3つの環境が求められているので3つのAWSアカウントが必要となります。開発用、検証用、本番用のAWSアカウントは、先に登場したログアーカイブ用や監査用のAWSアカウントとは用途が異なりますので、異なるOUに所属させます。

開発用、検証用、本番用の各AWSアカウント上に構築したサーバーに、構築やメンテナンス目的でアクセスするための**踏み台サーバー**を配置する**踏み台用アカウント**や、AWSマネジメントコンソールへのログインを集約する**ログイン用アカウント**を用意してもよいです。

以上を図示すると、**図5-1**のようになります。

図5-1 マルチアカウントアーキテクチャの案

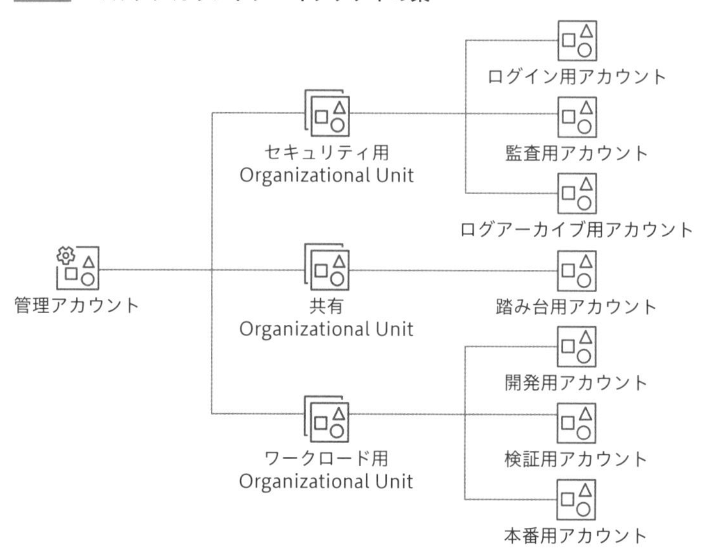

5.2.2 RTO/RPOに合わせたバックアップ・DR戦略

BCP（事業継続計画）においてバックアップ・DR戦略は最重要ですが、**費用をどこまでかけられるかがカギ**となります。バックアップの取得方法がいくつかありますが、バックアップ取得サービスである**AWS Backup**を活用することで、EC2インスタンスやAmazon RDS、Amazon Elastic File Systemなどのリソースのバックアップの取得のスケジュールや保持する世代数などを一括して管理・制御します。

さらに**AWS Organizationsを利用したマルチアカウントアーキテクチャ**であれば、**AWSアカウント間でバックアップポリシーを一元的に展開できます**。つまり、複数のシステムをAWS上に展開している場合に、管理アカウントから会社のBCPに従ったバックアップポリシーを各AWSアカウント上のシステムに準拠させることが可能です。

また、**AWS Backupはリージョン間のコピーにも対応している**ため、バックアップをDR用のリージョンに配置することも可能です。今回仮定したシステムは**RPO(目標復旧時点)**が6時間なので、6時間おきにバックアップを取得するようにスケジューリングすることになります。

続いて**RTO(目標復旧時間)**を検討しましょう。システムの復旧手法としては、まず**手動か自動の2択**となります。**手動**の場合はRTOが長くなりますし、手順ミスによる復旧失敗などのリスクが付きまといますが、システムに対する事前投資が少なくて済みます(別途、定期的な手順確認のための復旧リハーサルなどの教育コストはかかります)。一方、**自動化**の場合はいざ復旧を行う際にかかる時間は短くでき、人手を介さないためミスなく復旧させることが可能ですが、復旧作業を開始する条件の洗い出しから復旧作業の実装、テストなど、一連の開発コストがかかります。また、自動化が難しい点として、**復旧開始条件として想定していなかった事象が起こった場合には対応できません**。自動化を選ぶ場合は、どこまで自動化するかが分水嶺となります。例えば、完全自動化による復旧を行いたい場合、復旧作業開始の条件となるイベントを定義する必要があります。しかし、すべての障害イベントを事前に定義することは困難なので、障害イベントの検知と復旧イベントの間は人手を介在させるといった具合です。

仮定した要件に合わせて**DR方式**を検討しましょう(**図5-2**)。システム要件に災害対策は最低限とあり、RTO/RPOも6時間と十分長いので、DR対策は最もコストが抑えられる**Backup & Restore**で十分であると言えます。

リストア方式はRTOが6時間なので手動でも間に合うと考えられますが、オペレーションミスを回避するために一部を自動化するように実装します。どの部分を自動化するかはシステム特性に依存しますが、AWSのIaC(Infrastructure as Code)を実現する**AWS CloudFormation**を利用してDR環境にバックアップしたインスタンスのイメージからインスタンスを立ち上げるように事前にコードを準備しておくのがよいでしょう。この場合、DRを発動するか否かは人間が判断してCloudFormationのスタックを作成し、AWSのドメインサービスである**Route 53**で宛先をDR環境に切り替えるという作業を行います。

図5-2 DR環境の構築

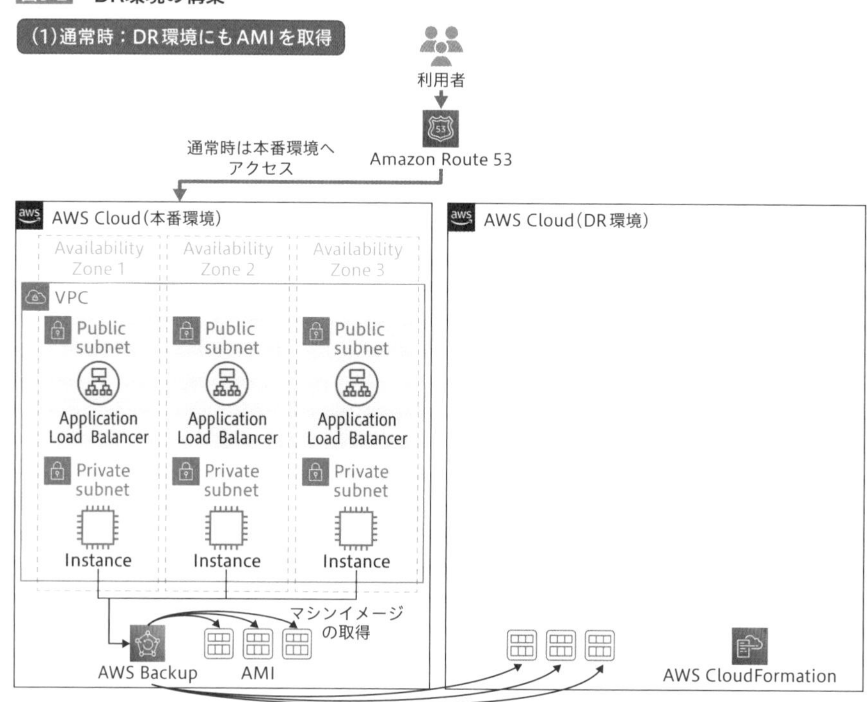
(1)通常時：DR環境にもAMIを取得
利用者
Amazon Route 53
通常時は本番環境へ
アクセス
AWS Cloud(本番環境)
Availability Zone 1
Availability Zone 2
Availability Zone 3
VPC
Public subnet
Application Load Balancer
Private subnet
Instance
Public subnet
Application Load Balancer
Private subnet
Instance
Public subnet
Application Load Balancer
Private subnet
Instance
マシンイメージ
の取得
AWS Backup
AMI
AWS Cloud(DR環境)
AWS CloudFormation
DR環境にもマシンイメージを保存

(2)障害発生直後：CloudFormationでAMIからDR環境を構築

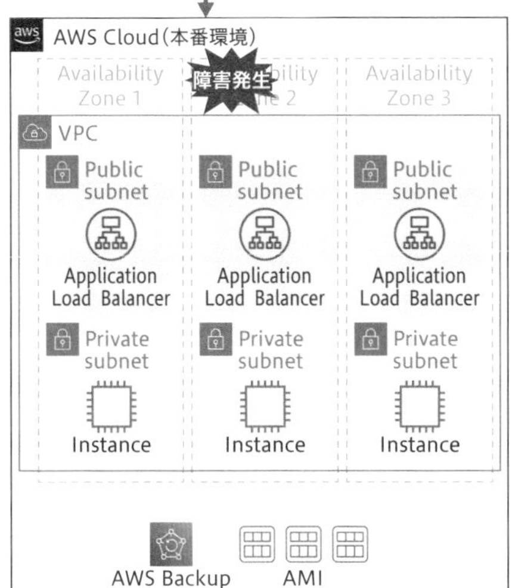

(3)DR環境構築後：Route 53でDR環境へ宛先変更

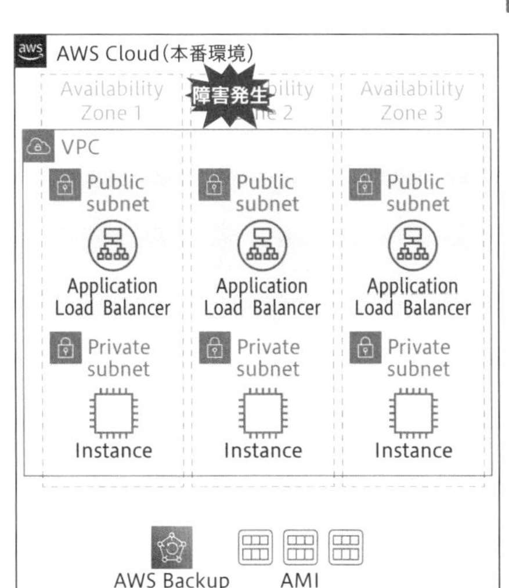

5.2.3 Auto Scalingを使うか否か

コンピューティングリソースを負荷状況に合わせて増減させるサービスである**Auto Scaling**ですが、第3章で記載したとおり万能ではありません。今回のシステムであれば、アクセス数は月末に20%程度増加しますが、それ以外は安定している前提なので、本番環境ではAuto Scalingを利用する必要はないと考えます。

Auto Scalingを行わないので、**事前に必要なキャパシティを見積もっておき、適切なインスタンスサイズを選択しておかなければなりません**。キャパシティが見積もりにくい場合は、バッファ込みで大きめのインスタンスサイズを選択しておき、数カ月ランニングしてからサイジングを変更する、という戦略も可能です。その場合はあらかじめリザーブドインスタンスやSavings Plansを購入していると費用が無駄になる可能性もあるので、注意が必要です。

5.2.4 コスト管理・削減戦略

不要な時間帯にインスタンスを停止

システム要件に「開発環境や検証環境は平日日中帯のみ利用」という条件があるので、**不要な時間帯にインスタンスを停止できれば大きなコストカットが見込めます**。例えば、1週間のうち平日10時間だけ起動するとした場合、起動時間は50時間です。1週間起動したままにしたとすると7日×24時間＝168時間ですので、インスタンスのランニングコストを1/3以下にすることができます。

インスタンスを自動で起動・停止する方法がいくつかあります。例えば**Auto Scaling**の「**予約されたアクション**」を活用して平日日中帯だけインスタンスを起動させることが可能です(**図5-3**)。ただ、Auto Scalingは起動するインスタンスのAMIイメージを指定する必要があるので、開発中などAMIイメージの更新が頻繁に行われる時期だと、都度Auto Scalingの設定を更新する必要があり手間がかかります。

他のインスタンスの自動起動・停止の方法としては、少し前まではAmazon EventBridgeとAWS Systems Manager Automation、もしくはAWS Lambdaの組み合わせが一般的でしたが、2022年10月にAmazon EventBridge Schedulerという新機能が提供されました(図5-4、5-1)。Amazon EventBridge Schedulerはインスタンスの起動・停止に限らず、AWSサービスの各種タスク実行をスケジューリングできるサービスです(図5-5)。

さらにそれ以外だと、インスタンスを自動起動・停止するソリューション(AWS Instance Scheduler)もAWSから提供されています(5-2)。こちらはタグ付けによってインスタンスのスケジュールを細かく制御できるなどの機能が付いています。メンテナンス性や要件に合わせて、どの手法を選択するか検討しましょう。**複雑なスケジューリングや大量のスケジュールパターンがないのであれば、Amazon EventBridge Schedulerを活用するのが最もシンプルでメンテナンスが容易です。**

図5-3 Auto Scalingの「予約されたアクション」の例

詳細　アクティビティ　オートスケーリング　インスタンス管理　モニタリング　インスタンスの更新

動的スケーリングポリシー (0)

予測スケーリングポリシー (0)

予定されたアクション (2)

名前	反復	タイムゾーン	希望する容量	最小	最大
Start Schedule	0 0 * * Mon-Fri	Etc/UTC	3	3	3
Stop Schedule	0 10 * * Mon-Fri	Etc/UTC	0	0	0

図5-4 Amazon EventBridge Scheduler

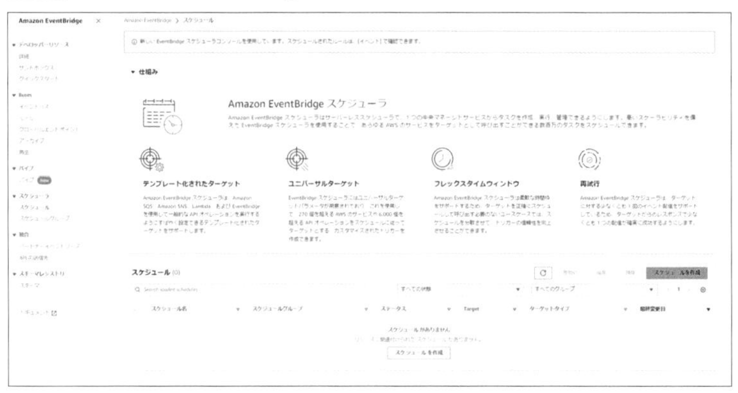

図5-5　Amazon EventBridge Schedulerの設定画面

AWSサービス選択画面

AWSサービスのAPI選択画面

5-1　Amazon EventBridgeで新しいスケジューラーの提供を開始
https://aws.amazon.com/jp/about-aws/whats-new/2022/11/amazon-eventbridge-launches-new-scheduler/

5-2　AWSでのInstance Scheduler
https://aws.amazon.com/jp/solutions/implementations/instance-scheduler/

リザーブドインスタンスやSavings Plansの購入

　続いて、コンピューティングリソースの利用料を削減する手法として考えられるのが、**リザーブドインスタンス(RI)**や**Savings Plans(SP)**の購入です。まず両者の違いから確認しましょう(**図5-6**)。RIとSPでそれぞれ細かな種別があるので、ここでは大別だけ行っています。より詳細な情報は、公式ドキュメントなどを参照してください(5-3)。

5-3　Savings Plansとは？
https://docs.aws.amazon.com/ja_jp/savingsplans/latest/userguide/what-is-savings-plans.html

　RIはあらかじめ指定したインスタンスサイズなどの条件に合うインスタンスの利用料が割り引かれるというものです。利用するインスタンスサイズなどが確定し

ている場合はよいのですが、インスタンスサイズを変更した場合にRIが適用されなくなる、ということが起こります。また、割引の対象はEC2インスタンスのみなので、LambdaやFargateを活用している場合には使えません。一方、キャパシティ予約が行われるので、インスタンスを起動したいときに確実に利用可能です。

続いて、**SPは1時間当たりにいくら分を利用するか**で契約します。10,000円出せば12,000円分利用できる遊園地などの回数券のイメージが近いかと思います。SPで指定するのはコミット金額のみで、インスタンスサイズなどの指定はありませんので、割引率の高いインスタンスサイズから順に適用されていきます。また、EC2インスタンスだけでなく、LambdaやFargateにも適用可能な種別もあるので、サーバーレスやコンテナ化を進めている人も活用できます。

RIとSPの共通点として、**コミットする期間**と前払いの有無などの**支払い方式**を決める必要があります。また、AWS Organizationsを利用したマルチアカウント構成の場合、**管理アカウントで購入したRIやSPはAWS Organizations配下の子アカウントにも適用可能**です。

RIとSPのどちらを選ぶかですが、SPのほうが後から登場したサービスなので柔軟性が高く、**特段RIでなければならない要件がない限りはSPを選択したほうがよい**と考えます。

図5-6　リザーブドインスタンスとSavings Plansの違い

リザーブドインスタンスの特徴	Savings Plansの特徴
・割引を適用するインスタンスを選択して契約 ・EC2インスタンスにしか適用できない ・インスタンスサイズに制限あり ・OSに制限あり ・キャパシティ予約が可能な種別あり	・1時間当たりの利用料で契約 ・LambdaやFargateにも適用可能な種別あり ・インスタンスサイズに制限無し ・OSに制限無し ・キャパシティ予約不可

両者共通
・1年、もしくは3年間確保することを確約 ・支払い方式を事前に決定

注意点

RIもSPも割引を受けるために必須のサービスですが、コミット期間の間にコンピューティングリソースの利用が変わった場合には、割引が受けられずにかえって割高になる場合もあります。例えば先述したように、**RIは利用したいインスタンスサイズが変わって割引適用外になってしまうケースがあります**。

他の例としては、ワークロードの変化や開発が完了したことにより必要インスタンス数が減少した結果、定常利用分として購入していたRIもしくはSPの権利を消化しきれなくなってしまった場合です(**図5-7**)。ワークロードの変更や開発終了に伴ってインスタンス数が変更になる予定がある場合には、**RIやSPの購入時に対象に含めるかどうかよく検討する、コミット期間を1年ごとにしておいて定期的にRI、SPの対象を棚卸しする**、などの対策が必要です。

最後に、繰り返しになりますが、RIやSPによる割引を利用する前に、起動が不要なインスタンスは停止、削除するようにしておくのがコスト節約の大前提です。

図5-7 インスタンス起動時間と損益分岐点の例

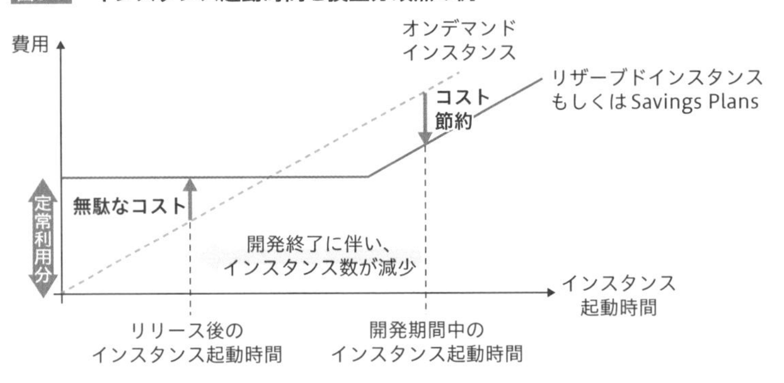

今回仮定したシステムでは、アクセス数が安定している見込みであり、必要なインスタンス数が減らないと考えられることから、定常的に起動するインスタンス分のSPを購入する方針でよいでしょう。なお、開発環境や検証環境は平日日中帯のみの利用なので、不要時には停止しておく前提として、そのうえでコミット金額を算出する必要があります。また、開発開始早々に購入するのではなく、**ある程度開発が進んでインスタンス数やサイジングに変更がないことを確かめてからコミット金額を決めるとよいでしょう**。実要件の場合には、インスタンスのサイジングや数が実際に動かしてみるまでわからない場合もありますので、その際には稼働後一定期間(例えば3カ月)ほど様子を見てからSPを適用したほうが、無駄なコミットになるリスクを軽減できます。

5.2.5 ログの扱い

4.4.2項「ログとトレースの収集」にて、CloudWatch LogsとS3のログ保管料の違いや、AWSにおけるログとトレースの全体像をお話ししました。本項では、実装を考えていきます。

まず今回のシステムでは、ログに関する要件は「監査用にログは1年間保持する。1カ月分のログは集計のために利用するが、以降は利用しない」とあります。対象となる監査ログは、以下が考えられます。

- AWSの操作ログ
- 各AWSサービスから出力されるログ
- OS/ミドルウェア/アプリケーションから出力されるログ

それらを**CloudWatch Logs**へ集約して分析や集計を行い、1カ月経過したログは保管コストを節約するために**S3**へエクスポートして長期保管します。時間が経過したログは万が一の際に備えて保存するものですので、**S3のストレージクラスを定期的により低頻度アクセスなものに変えていく**ことでさらにコストを抑制できます(**図5-8**)。**S3 Intelligent-Tiering**を活用すれば、アクセス頻度に応じて最適なストレージクラスに自動的に配置してくれます。

図5-8 ログ保管の流れのイメージ

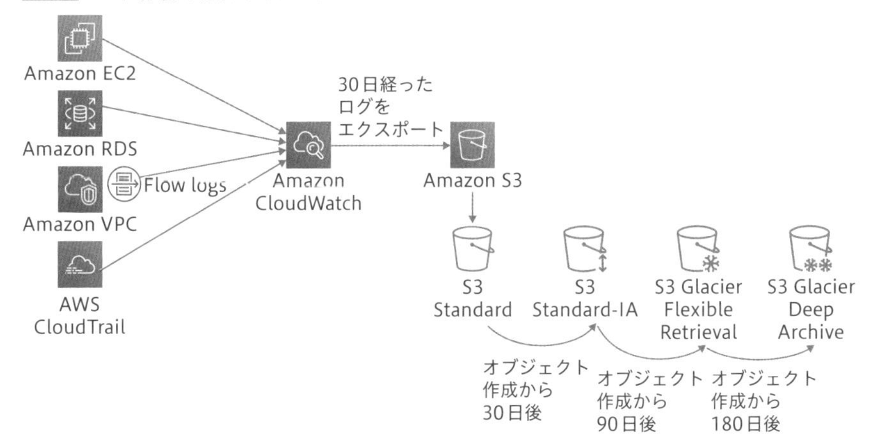

5.3 構築時に検討するポイント

アーキテクティングが決まったら、構築方法を決めていきます。AWSマネジメントコンソールからクリックしながら作るか、IaC (Infrastructure as Code)を使って一括で作成するかなど方式は分かれます。筆者はシステム提案書を読む立場になることもあるのですが、すべてのリソースをIaCで構築します、と謳うものをいくつも目にしてきました。本節ではAWSのリソース作成のパターンそれぞれのメリット・デメリットを整理します。

5.3.1 どうやって構築するか

AWS上のリソースを作成する方法は、次の3パターンです。

- GUIによる手動作成
- AWS CLIによる作成
- IaC (Infrastructure as Code) のサービスであるAWS CloudFormationやHashiCorpのTerraform (5-4)を使った作成

GUIによる手動作成は、AWSマネジメントコンソールにてAWSリソースを作成する、一番簡単な方法です。GUIなので初心者でも比較的容易に作業でき、必要な事前準備などはありません。

AWS CLIは、AWSが提供しているコマンドラインでAWSリソースを管理するための統合ツールです。スクリプトと組み合わせて実行することで、同様のリソースを大量に生成することが可能です。

CloudFormationやTerraformを使ったIaCでは、コードを使うたびに同じ構成を作れるので大量のAWSリソースを同じ品質で作成することが可能で、コードの内容と実環境の差分をとることで構成があるべき姿になっているかを確認できます。

5-4 Terraform
https://www.terraform.io/

IaCでの構築は、大規模に同じ構成を作る場合に強力ですが、コードの作成に慣れるまでは生産性が上がりにくいというデメリットがあります。一方、GUIでの構築は容易であるものの、大量にAWSリソースを作成するには時間がかかりますし、手動ゆえに品質にバラつきが出ます。そのため、**どれか1つの方法に固執せずに、それぞれのメリットを生かして使い分けることが重要です**。

使い分けの例を**表5-1**に示します。基本方針としては、一度しか行わない作業はコード化する時間・労力を割かずGUIで実装し、IaCはメリットを生かせる部分にのみ適用するのがよいと考えます。IaCで作るAWSリソースとしては、頻繁に構成変更を行うリソース、複数のリージョンやAWSアカウントに作成する予定のあるリソースに限っています。AWS CLIは、GUIとIaCの中間的な立ち位置に置いています。

表5-1 AWSリソースの作成手法の使い分け例

作成方法	使い分け方針	例
GUI	・一度しか行わない作業	・コンソールアカウントの初期設定 ・Direct Connectの設定
AWS CLI	・一度しか行わないが、大量に行う作業 ・情報取得	・IAMユーザーの作成 ・CloudWatchメトリクス画像取得
CloudFormation/Terraform	・頻繁に構成変更が発生するリソース ・マルチリージョン、マルチアカウントに展開するリソース	・Security Group ・ALBルール ・EC2インスタンス

5.3.2 どこから作るか

AWSアカウントの取得から開発チームへの環境引き渡しまで

アーキテクチャが確定したら、構築を進める順序を考えます。マルチアカウントアーキテクチャを採用した場合に、何も考えずにAWSアカウントを複数払い出して開発チームに渡してしまうと、セキュリティ対策や統制がとれないままに開発が進むことになりかねません。例えばログをとる仕組みができていないと、開発期間中に誰が何をやったかがわからなくなります。そのため、開発チームにAWS環境を渡す前の段取りを大まかに整理しておきましょう。

• 管理アカウントを取得する

最初に取得するAWSアカウントは、**管理アカウント**です。管理アカウントは、請求集約などAWSとの契約をつかさどります。そのため、**管理アカウントのルートユーザーは特に厳重に管理が必要**となりますので4.1.3項を参考にMFAの有効化など管理を整えておきましょう。

• マルチアカウントアーキテクチャのための統制をかける

続いて、マルチアカウントアーキテクチャのための統制をかけていきます。統制をかけるためのサービスとして**AWS Control Tower**があります。AWS Control Towerを有効化することでログアーカイブ用のAWSアカウントと監査用のAWSアカウントが生成されます。また、AWS Control Towerではセキュリティリスクを起こさせないためのガードレールが提供されます。さらに**AWS IAM Identity Center**も有効となるため、AWSアカウントにログインするユーザーの一元管理も可能となります。

AWS Control Towerの利用を前提に話を進めていますが、もちろんAWS Control Towerを利用せずにマルチアカウントアーキテクチャを実現しても構いません。個別にAWS Organizationsを使ってサービスコントロールポリシー(SCP)を作り込んでもよいですし、AWS IAM Identity Centerを使わずに、ログイン用AWSアカウントを用意し、IAMユーザーを一元管理して各AWSアカウントへはSwitch Roleする方法でも構いません。**大切なのは統制をとるための仕組みを実装すること**であって、特定のAWSサービスを使うことが目的ではありません。

• 予算超過を未然に防ぐ仕組みを整える

プロジェクトでAWSのランニングコストとしてあらかじめ予算がある場合が大半かと思いますので、**AWSアカウント全体の予算超過を未然に防ぐための仕組**

みを実装しておきましょう。具体的にはAWS Budgetsを使って費用の積み上げから月末の予測コストを算出し、それがしきい値を超えるようならアラート通知を行うような設定を行います。

• 踏み台サーバーを用意する

最後に、開発チームのメンバーがOSレイヤ以上を構築作業する際に仮想マシンへログインするための**踏み台となるサーバー**を用意します。**踏み台サーバーを経由して各サーバーへアクセスさせることで、アクセス経路の集約やログの一元化ができます**。踏み台サーバーの代わりにAWS Systems ManagerのSession ManagerやFleet Managerを使う場合でも、アクセス権限などの初期設定を行っておく必要があります。

ここまで、AWSアカウントの取得から開発チームに環境を引き渡すまでの段取りを紹介しましたが、もちろん開発するシステムによって準拠しなければならない業界標準やセキュリティ対策が異なりますので、プロジェクトに合わせて不足している段取りや利用するAWSサービスを加えるなどアレンジをしてください。

図5-9 AWSアカウントの取得から開発チームへの環境引き渡しまでの流れ

開発チームへ環境を引き渡してから

開発チームへ環境を引き渡したら、**各開発チームがどのように基盤からアプリケーションの開発を進めていくとよいか**を考えます。簡単のために、1つのシステムに対して開発用、検証用、本番用のAWSアカウントがそれぞれあると仮定します。ポイントは、各AWSアカウントの基盤構築をすべて終えてから業務アプリケーションの開発を行うサイクルを繰り返す**「数珠つなぎ」パターン**と、基盤構築と業務アプリケーションを部分的に並列しながら構築する**「並列」パターン**のどちらを選ぶかです(**図5-10**)。

「数珠つなぎ」パターンのほうが要件漏れなどで設計修正があってもアプリケーションの開発前の段階では検証環境や本番環境の基盤を構築していないので手戻りが少なくて済みますが、開発効率は落ちます。一方、**「並列」パターン**のほうが開発期間を短縮できるものの、万が一業務アプリケーション開発時に基盤の設計に変更が生じた場合には大きな手戻りとなります。図では、開発環境で業務アプリケーション開発中に基盤に対する重大な要件漏れが発生したと想定しています。**「数珠つなぎ」パターン**では開発環境の基盤だけ修正を行えばよいですが、**「並列」パターン**ではすでに構築した検証環境も修正しなければなりません。とはいえ、「並列」パターンでの開発期間圧縮のメリットは魅力的ですし、基盤構築をIaCで行っていれば手戻りの手間は大きくない可能性もあります。

図5-10　各AWSアカウントの構築パターン比較

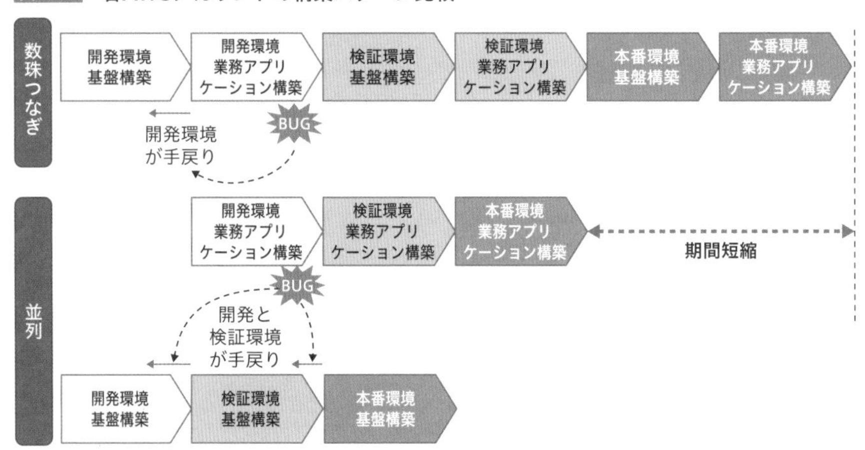

第6章

マルチアカウントアーキテクチャ構築のハンズオン

第5章の最後に、開発チームへの環境引き渡しまでの段取りを紹介しました。この章ではその段取りの中の、AWSアカウントの取得からマルチアカウントアーキテクチャを構築するハンズオンを実施します。

6.1 ハンズオンの構成

ハンズオンで構築するマルチアカウントアーキテクチャの設計をします。まず前提となるシステムの概要を確認して、登場人物を整理します。そのうえでAWS OrganizationsにおけるOUを設計して、役割ごとに用意したAWSアカウントを配置します。最後に、各登場人物がAWSアカウントのどこにどういう目的でアクセスするのか、情報をもとに構成図を作り上げていきます。

6.1.1 システム概要

システムアーキテクチャを考えていくにあたり、まずはシステムと利用者だけの単純な構成から考えていきましょう（**図6-1**）。**システム**はECサイトやホームページ、Webアプリケーションなどのインターネットに公開したシステムだけ

図6-1　システムと利用者だけの単純な構成

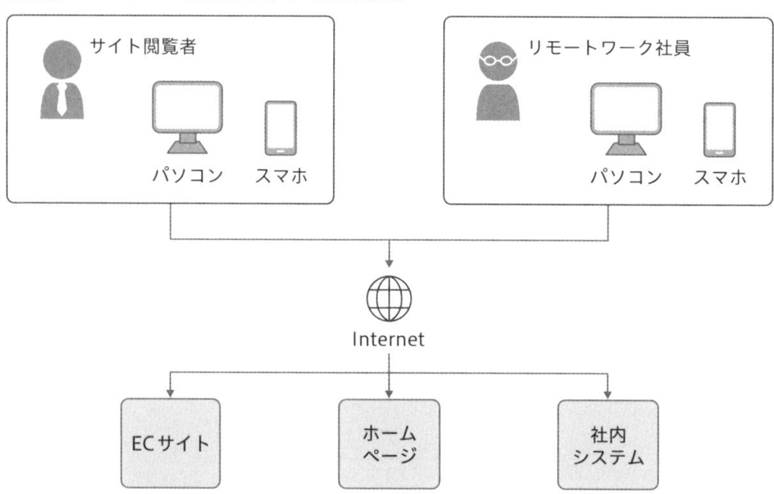

でなく、リモートワークを許容していれば社内システムもあるでしょう。一方、システムを作れば、それを利用する**利用者**が存在します。利用者はパソコンでアクセスしたり、スマートフォンでアクセスしたりと千差万別です。システムはこういった利用環境に対応していく必要があることが再認識いただけたかと思います。

続いて、もう少しシステム開発時のことを考えて、登場人物を詳細化していきましょう。開発プロジェクトでは、**プロジェクトマネージャー（PM）**、**インフラ担当者**、**アプリ開発者**などが登場します。インフラ担当者とアプリ開発者の役割分担をOSレイヤで分けるとここでは定義しておきます。その場合、**インフラ担当者**は**各AWSメンバーアカウントへIAMユーザーを利用してログイン**して、インフラ部分の設計や構築を行っていきます。**アプリ開発者**はOSレイヤより上が担当ですから、**AWSへの直接ログインは行わずに、OSレイヤにOSユーザーを使ってログイン**して開発することになります。**PM**は、システム開発の計画・実行を管理することが任務ですが、**AWSの利用料**も管理しなければなりません。AWSの利用料が経理担当に届くので、実績をもとにあらかじめ確保した予算に収まっているか確認し、今後の利用料を予測して、不足するようであれば予算を追加する、といったサイクルを回すこともPMの役割です。

図6-2　システム開発時の登場人物を考慮した構成

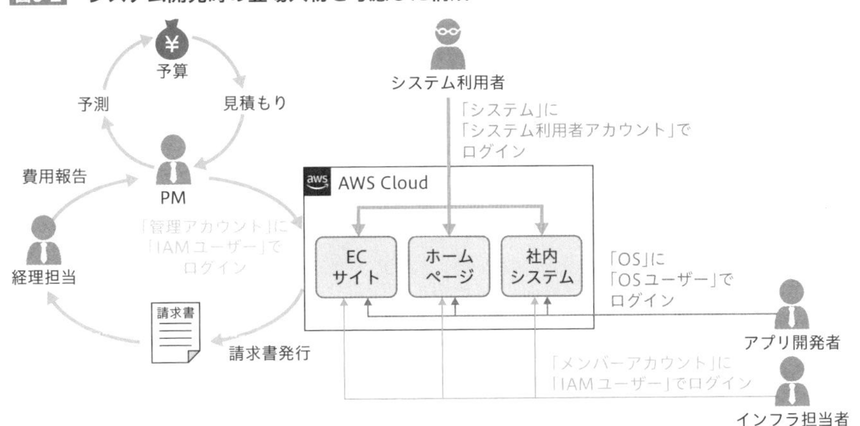

6.1.2 システム構成図

アーキテクチャをより詳細化していきましょう。

AWSアカウント構成の設計

初めに検討するべきなのは、**AWSのメンバーアカウントをいくつ用意するか**です。1つのAWSアカウント、管理アカウントだけですべてのリソースを配置してシステムを作り上げることももちろん可能です。個人利用や、検証だけの利用目的であれば、それでも十分かもしれません。しかし、**エンタープライズでの利用の場合、システムは環境面ごとに分割するのが一般的です**。例えばオンプレミスであれば、開発用と本番用のワークロード実行環境は、物理的に離れた位置に配置します。また、システム単位で担当チームやベンダーが異なるのであれば、物理筐体へのアクセス権限も担当チームごとやベンダーごとに割り当てることで、物理的にアクセス権限を分割します。クラウドでも同様に、**権限分掌やリソースの境界を明確化するために、環境面やシステム開発を行うベンダーごとにAWSアカウントを分割します**。つまり、**マルチアカウントアーキテクチャ**とします。

図6-3 環境面やベンダーごとにAWSアカウント（メンバーアカウント）を用意する

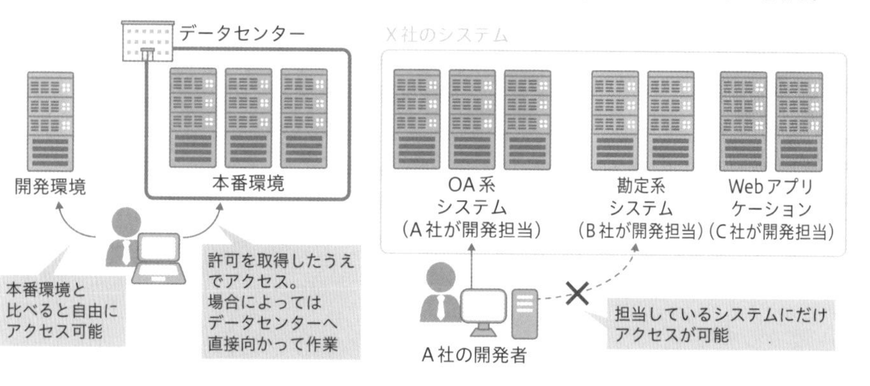

マルチアカウントアーキテクチャの構成パターンについては4.1.2項「AWSアカウントの管理」で紹介しました。今回は、ECサイト用とホームページ、社内システムという異なる3つのシステムをAWS上で実行しつつ、一定のガバナンスを利かせたいので、「**機能集約パターン**」(p.105)でAWSアカウントを構成することにします。

OUの設計

ワークロード用OUの設計

まずは**ワークロード用のOU**(Organizational Unit)の構造を設計していきましょう。各システムは、**本番環境**と**開発環境**では実行時間や利用者が異なるので、OUを分割しましょう。そのうえで、各システムに権限とリソースを分割するために、それぞれ異なるAWSアカウントに配置します。また、各ワークロードのOSレイヤより上位層へアクセスする**踏み台**となる環境を用意したいので、専用のOUとAWSアカウントを準備します。ワークロード用のOUの設計はこれにて完成です。

セキュリティ用OUの設計

続いて、**セキュリティ用のOU**を設計していきます。セキュリティ用OUには、**ログアーカイブ用のAWSアカウント、セキュリティ監査用のAWSアカウントといった、どのシステムでも必須と言える機能を有したAWSアカウント**を配置します。

マルチアカウントアーキテクチャのベストプラクティスに沿った構成を提供する**AWS Control Tower**を使うと、ログアーカイブ用アカウントと監査用アカウントが作成されます。

ログイン用OUの設計

システムの要件定義にて必要な機能・非機能要件を洗い出した段階で、**共通する機能の集約**を検討するとよいでしょう。システムの要件によってはログイン用のAWSアカウント、システムモニタリング用のAWSアカウントや、インターネット接続用のAWSアカウントを用意することも可能です。

本ハンズオンでは、ログインユーザーの一元管理と管理アカウント上での操作を最低限にするために、**ログイン用のOU**を用意し、**ログイン用のAWSアカウント**を追加で作成することとします。

図6-4 OUの設計

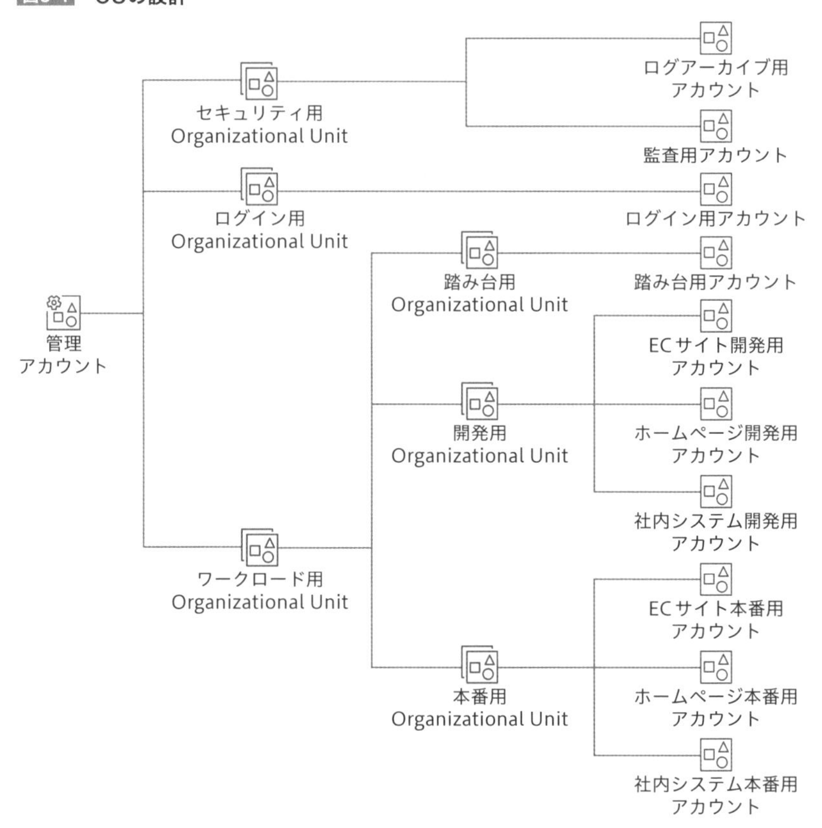

各AWSアカウントに配置するAWSサービスの検討

マルチアカウントアーキテクチャにおけるAWSアカウントとOUの設計が完了したので、各AWSアカウントに配置するAWSサービスを検討していきましょう。

管理アカウント

まず、**管理アカウント**から考えていきましょう。**管理アカウントでは、マルチアカウントアーキテクチャを構成するために必要なAWS OrganizationsとAWS Control Towerを使います。**なお、AWS Control Towerを展開すると**AWS IAM Identity Center**（旧称：AWS SSO）をはじめとするサービスが管理アカウントに展開されますが、**その管理をメンバーアカウントに委任することが可能**です。AWSのベストプラクティスでは管理アカウントでの作業を最小化することが挙げられていますので、この機能を利用することで管理アカウントでの作業を極力減らします。

● セキュリティ用OUに割り当てたアカウント

セキュリティ用OUに割り当てたAWSアカウントに必要なAWSサービスを検討していきましょう。

監査用アカウントではAWS上でのアクティビティを記録する**AWS CloudTrail**、AWSのリソースの設定を評価し、監査、審査を行う**AWS Config**と、セキュリティのベストプラクティスに従っているかをチェックできる**AWS Security Hub**、AWSアカウントを継続的にモニタリングして悪意のあるアクティビティを検知する**Amazon GuardDuty**の管理を行います。なお、監査用アカウントで利用しているサービスは他のアカウントでも同様に利用しますが、構成図(**図6-5**)上からは割愛しています。

ログアーカイブ用アカウントでは、ログを格納する**Amazon S3**と、S3に格納したログを分析するための**Amazon Athena**を利用します。

● ログイン用OUに割り当てたアカウント

ログイン用アカウントでは、AWSマネジメントコンソールへのログインに利用するユーザーの管理を行う**AWS IAM Identity Center**(旧称：AWS SSO)を管理アカウントから委任を受けて管理します。

● ワークロード用OUの本番用アカウント、開発用アカウント

本番環境のワークロードは、Webサーバー用に**EC2インスタンス**を各AZに配置して、**ALB**でリクエスト振り分けて可用性を確保します。データベースにはマルチAZの**Amazon RDS**を配置することで、こちらも可用性を高めます。

開発環境は本番環境と同じとしますが、**起動時間やインスタンスサイズを変えることでコスト削減を行うことが一般的**です。例えば、開発環境を毎日8時間だけ起動した場合は、毎日24時間起動する場合に比べて1/3のコストで済みます。起動

日を平日だけにすれば、さらにコストを抑制できます。また、開発環境ではシングルAZ構築にすることでコスト削減を図れますが、**可用性を考慮したアプリケーションの開発の動作試験ができなくなってしまうので、お勧めはできません**。筆者は開発環境をシングルAZで構築した結果として、本番環境との差分が生じてしまい、開発環境では発生しないアプリケーションの不具合が本番環境で発生してしまったことがありました。コスト削減だけでなく、環境差分が生じることによるリスクを天秤にかけて開発環境を設計しましょう。

- **ワークロード用OUの踏み台用アカウント**

続いて、**踏み台用アカウント**の構成を検討していきます。踏み台用アカウントには**踏み台サーバー**を配置します。なお、AWSには**AWS Systems Manager Session Manager**や**AWS Systems Manager Fleet Manager**のように、AWSマネジメントコンソールからEC2インスタンスへ接続できるマネージドサービスが存在しています。こちらを使えば踏み台サーバーをなくすことも可能です。踏み台サーバーを利用する状況としては、以下の場合が考えられます。

- セキュリティ要件でPC操作を録画する必要がある場合
- アプリケーション開発者にAWSへログインするためのIAMユーザーを払い出したくない場合

システムが満たすべき要件などに合わせて設計しましょう。

これで本システムの構成図を描くことができました。本構成図で登場したサービスや機能だけで完璧なわけではありませんが、**この構成図をもとに意識合わせや要件定義、設計を行ったりすることが可能となります**。

次節から実際にハンズオンへと入っていきましょう。

図6-5 ハンズオンのシステム構成図

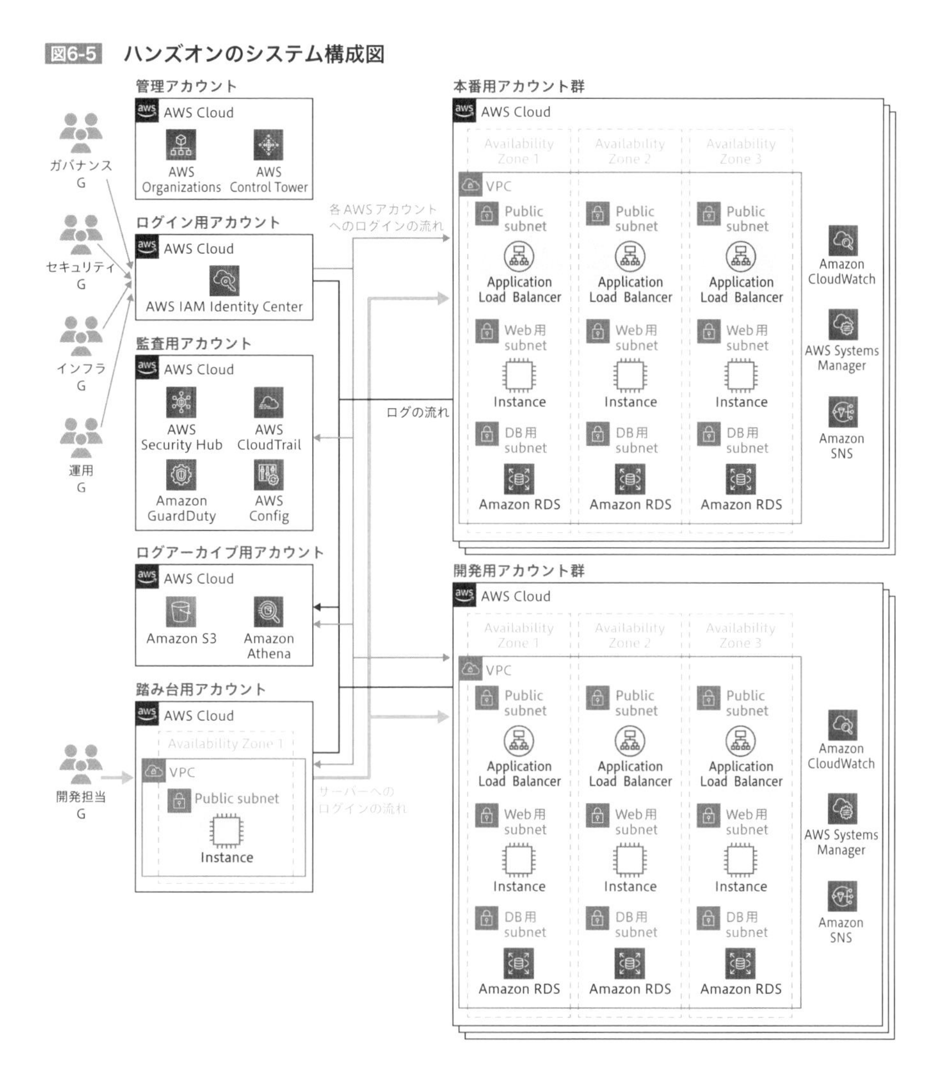

6.2 AWSアカウントの準備

この節では、AWSアカウントの取得から始まって、マルチアカウントアーキテクチャの初期設定としてAWS Control Towerの有効化などメンバーアカウントの払い出し、各種セキュリティサービスの有効化、コストの通知の仕組みの実装を行います。紙面の都合で、各AWSアカウントのVPC作成やVPC同士の接続、EC2インスタンスの作成などは割愛しています。

なお、AWSの利用費用が生じる場合がありますので、読者の責任によって実施してください。

6.2.1 管理アカウントの作成

アカウントの新規作成からログインまで

AWSのホームページトップ(https://aws.amazon.com/jp/)にアクセスします。「今すぐ無料サインアップ」ボタンをクリックします(アクセス履歴によっては、「AWSアカウントを作成」ボタンのこともあります)。

図6-6 サインアップ

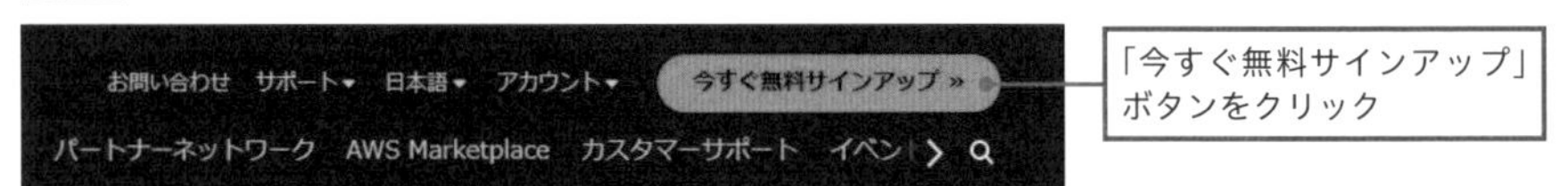

ルートユーザーとなるメールアドレス、AWSアカウントに付与する名称を入力し、「認証コードをEメールアドレスに送信」ボタンをクリックします。

図6-7 AWSアカウントの登録

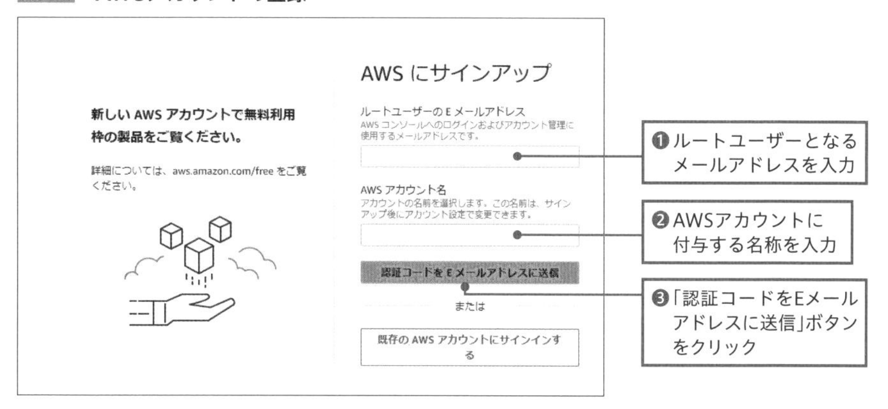

登録したメールアドレスに、検証コードが記載されたメールが届くので、検証コードを控えます。

図6-8 検証コード

「確認コード」欄に、先ほど控えた検証コードを入力します。「認証を完了して次へ」ボタンをクリックします。

図6-9　検証コードの検証

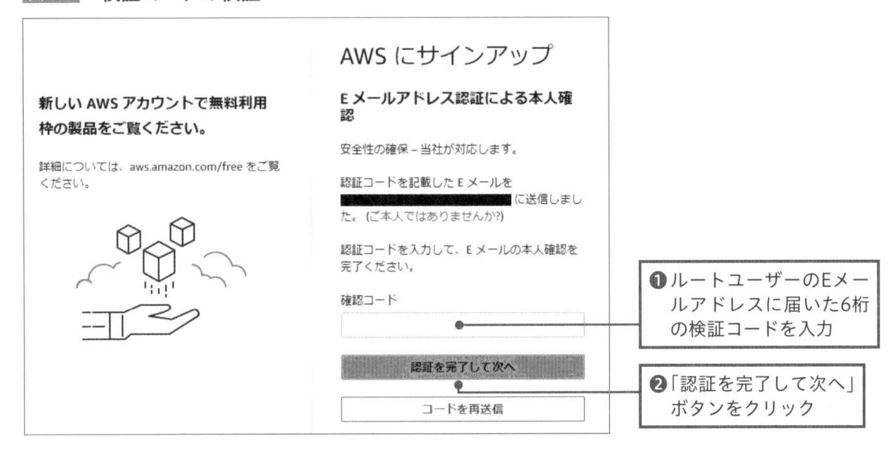

ルートユーザー用のパスワードを2回入力し、「次へ」ボタンをクリックします。

図6-10　パスワードの作成

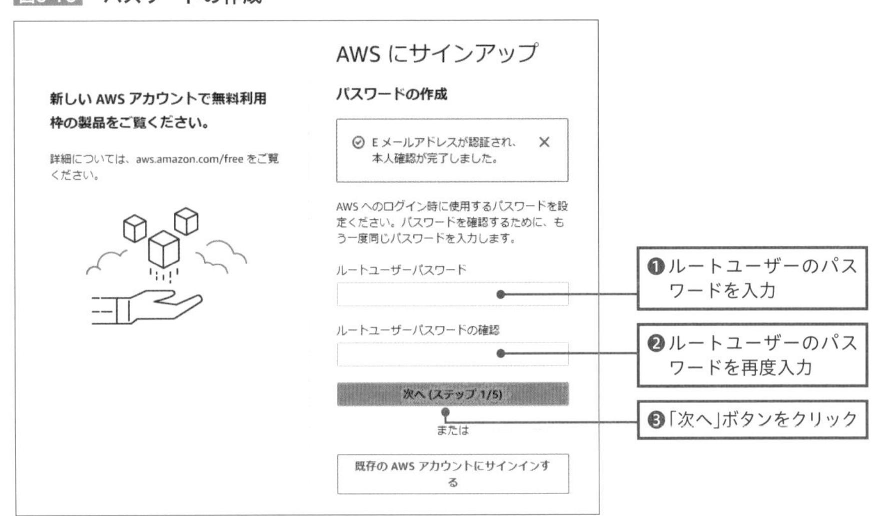

連絡先情報の入力画面に遷移します。使用目的として適切なものを選んだうえで、必要情報を入力します。**英数字で入力する必要があるので、要注意です。**「AWSカスタマーアグリーメント」の内容を確認したうえでチェックボックスにチェックを入れて、「次へ」ボタンをクリックします。

図6-11 連絡先情報の入力

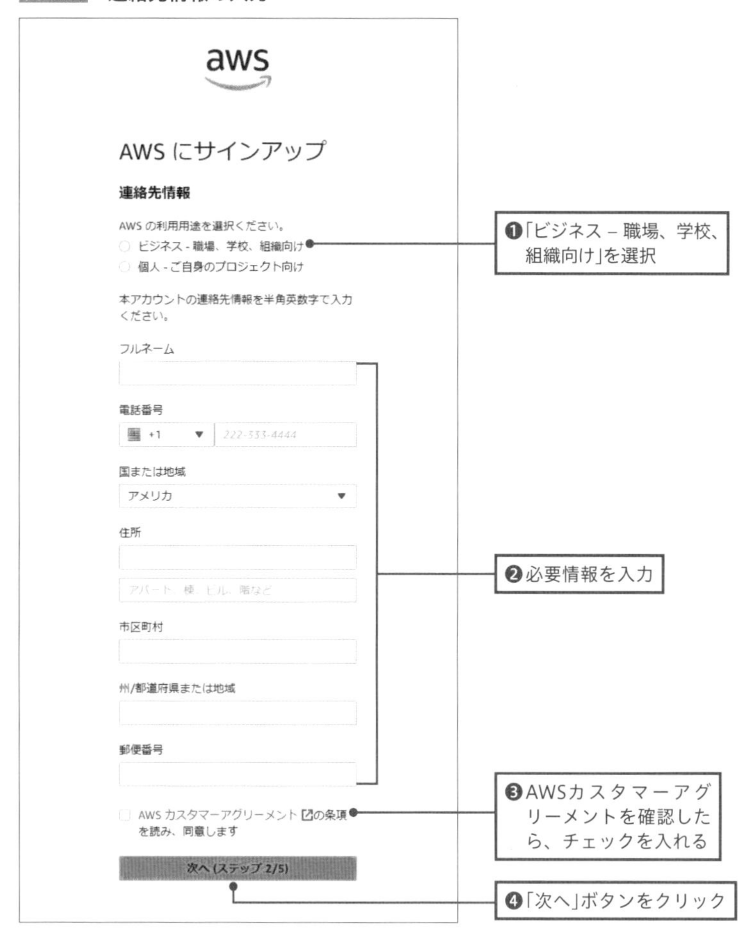

クレジットカード情報の入力画面になるので、必要情報を入力します。請求先住所は、連絡先情報で入力した値があらかじめ選択されています。内容を確認したら「確認して次へ」ボタンをクリックします。

図6-12　クレジットカード情報の入力

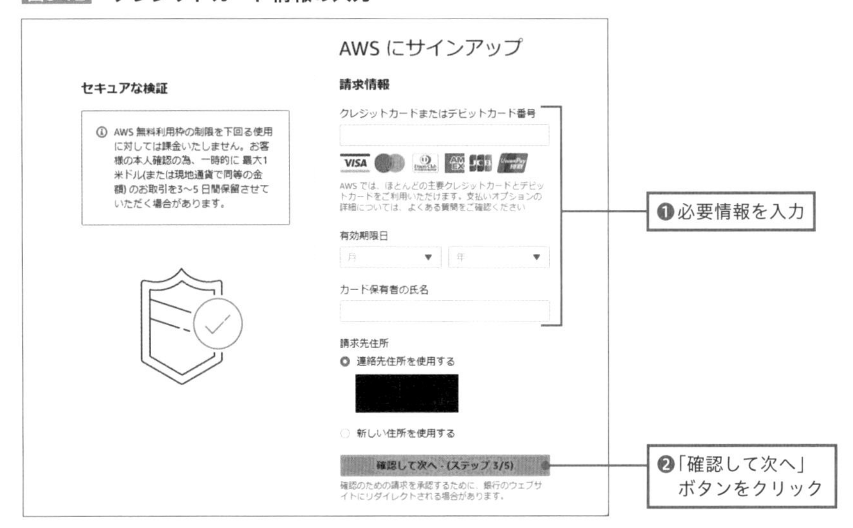

サインアップを行うための本人確認ページに遷移します。SMSメッセージが受け取れる携帯電話番号を入力し、画面に表示されたセキュリティコードを入力して、「SMSを送信する」ボタンをクリックします。

図6-13　本人確認

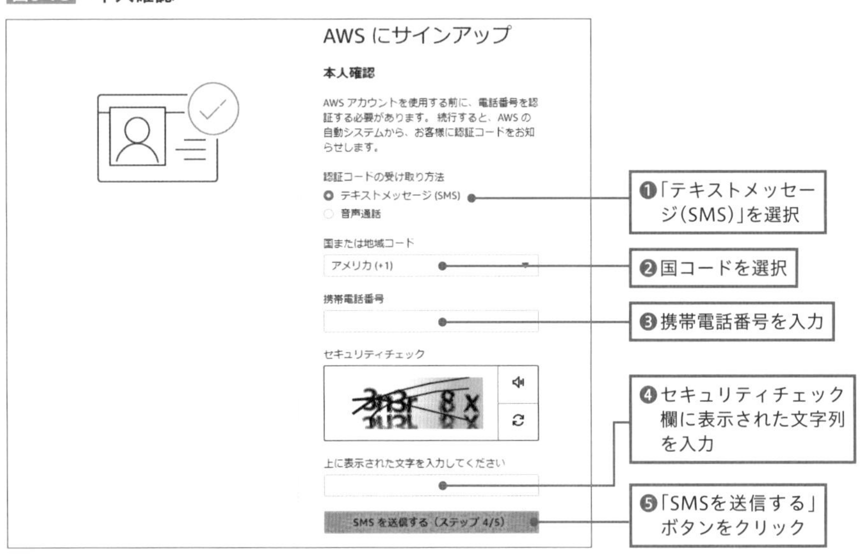

AWSから認証コードを記載したSMSメッセージが届くので、画面に入力して、「次へ」ボタンをクリックします。

図6-14 認証コードの入力

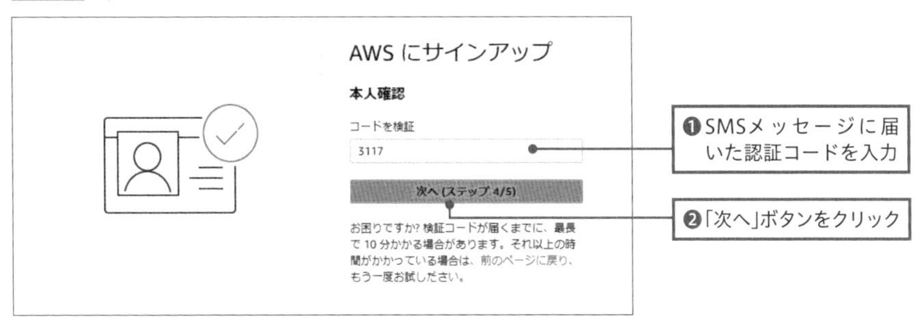

AWSサポートプランを選択する画面に遷移します。利用したいプランを選択して、「サインアップを完了」ボタンをクリックします。なお、**AWSサポートは後で変えることもできます**。

図6-15 サポートプランの選択

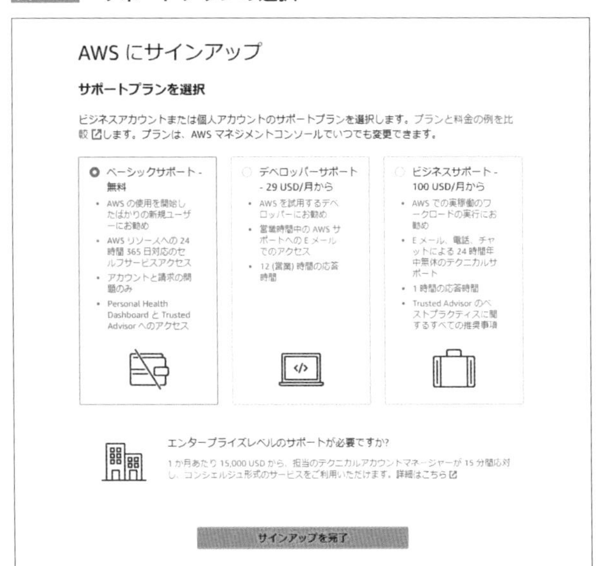

無事にサインアップが完了したことを示す画面が表示されます。「AWSマネジメントコンソールにお進みください」ボタンをクリックします。

図6-16　サインアップの完了画面

サインイン画面に遷移します。「ルートユーザー」を選択し、「ルートユーザーのEメールアドレス」を入力して、「次へ」ボタンをクリックします。

図6-17　サインイン方式の選択画面

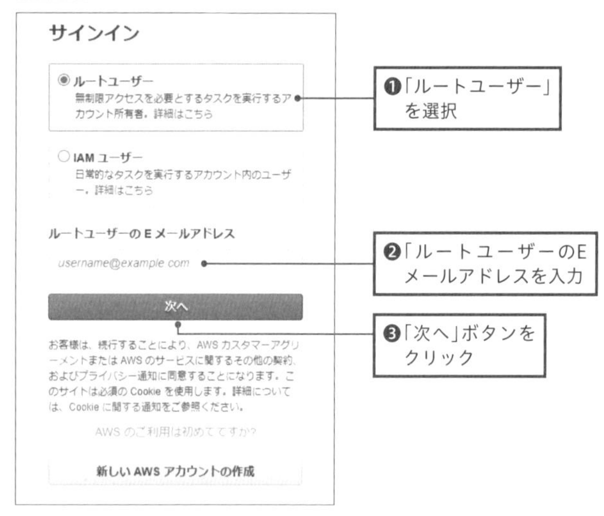

パスワード入力画面に遷移するので、ルートユーザーのパスワードを入力して、「サインイン」ボタンをクリックします。

図6-18　パスワードを入力してサインイン

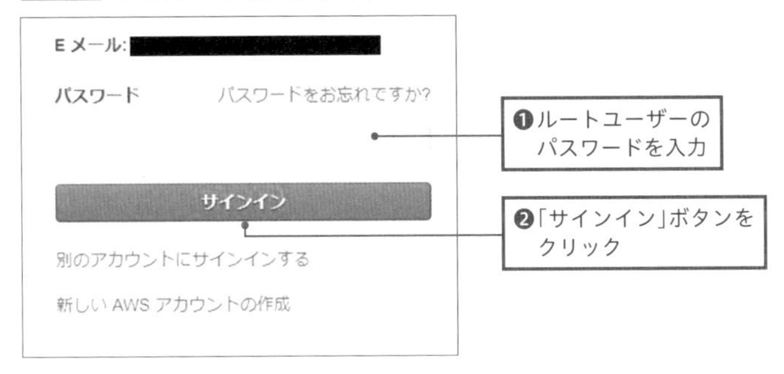

AWSマネジメントコンソールへのログインが完了しました。

図6-19　AWSマネジメントコンソールにログイン完了

ルートユーザーのセキュリティを強化する

この状態だとルートユーザーがパスワードのみで認証できてしまうため、セキュリティは高くありません。そこで**多要素認証(MFA)を有効化して、ルートユーザーのセキュリティを強化しておきます**。画面右上にあるAWSアカウント名をクリックし、「セキュリティ認証情報」をクリックします。

図6-20 「セキュリティ認証情報」メニュー

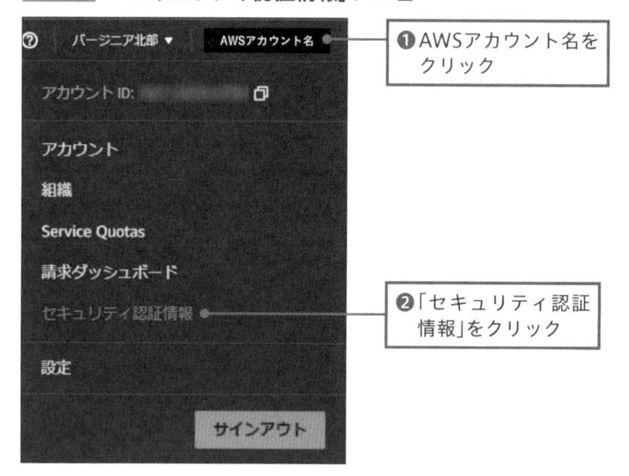

遷移した画面で、「MFAを割り当てる」ボタンをクリックします。

図6-21 MFAの有効化

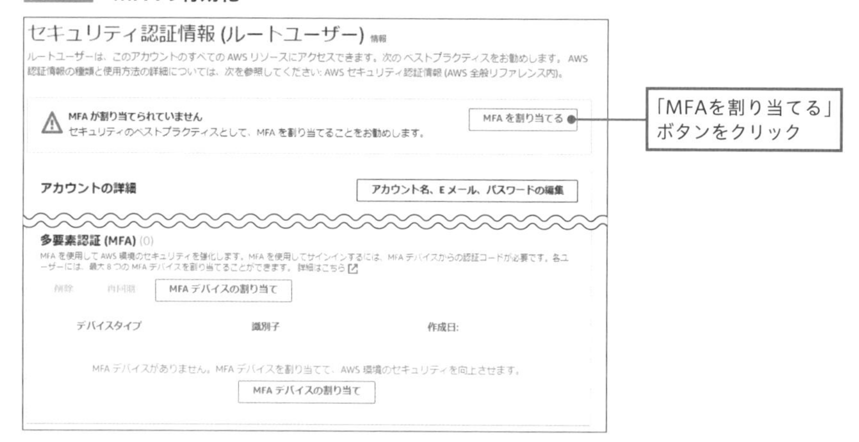

割り当てるMFAデバイスのタイプを選択する画面が出てくるので、お手元の環境に合わせたMFAデバイスを選択します。本書では「認証アプリケーション」を選択しています。

図6-22 MFAデバイスのタイプを選択

利用したい仮想MFAアプリに合わせてQRコードもしくはシークレットキーをアプリに登録します。アプリに表示されたMFAコードを入力してMFAを登録します。

図6-23　MFAデバイスの割り当て

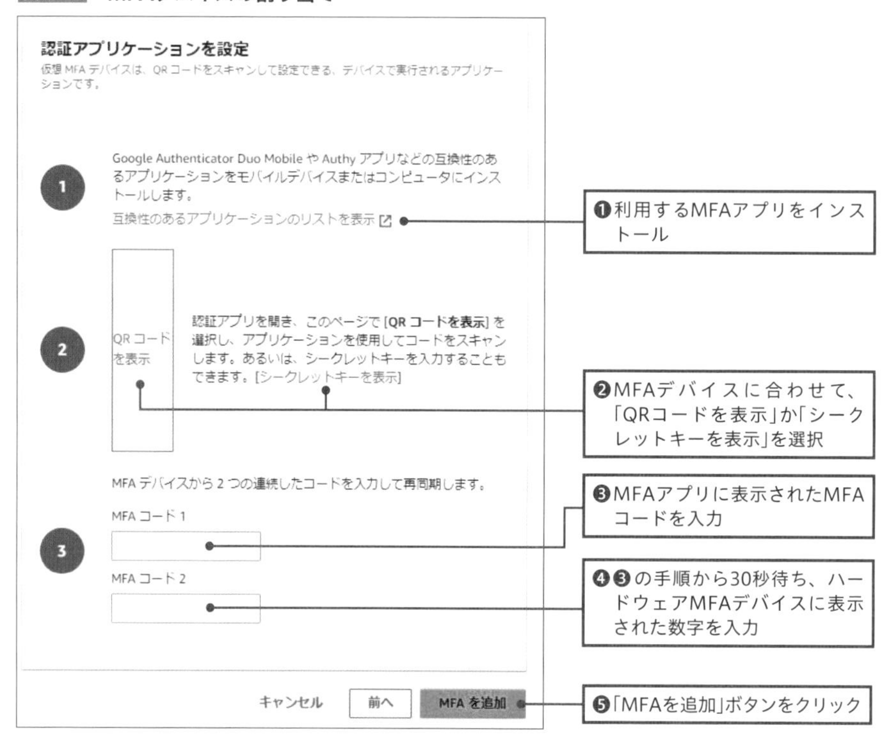

MFAデバイスが割り当てられ、ルートユーザーのセキュリティ強化が完了しました。

図6-24　MFAデバイスの割り当てが完了

6.2.2 AWS Control Towerを利用したマルチアカウント環境の整備

マルチアカウントを一元的にセットアップするために**AWS Control Tower**を有効化していきます。AWSマネジメントコンソール上部にある「サービス」タブを展開します。「管理とガバナンス」から「Control Tower」を選択します。

図6-25 「Control Tower」メニュー

AWS Control Towerのダッシュボードに遷移します。「ランディングゾーンの設定」ボタンをクリックします。

図6-26 AWS Control Towerのセットアップ

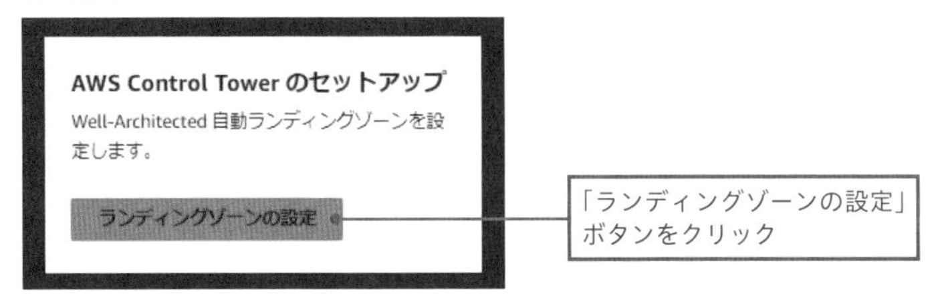

ホームリージョンを選択し、リージョン拒否設定を有効化します。追加するAWSリージョンが必要な場合はリージョン追加を行います。

図6-27　リージョンの選択

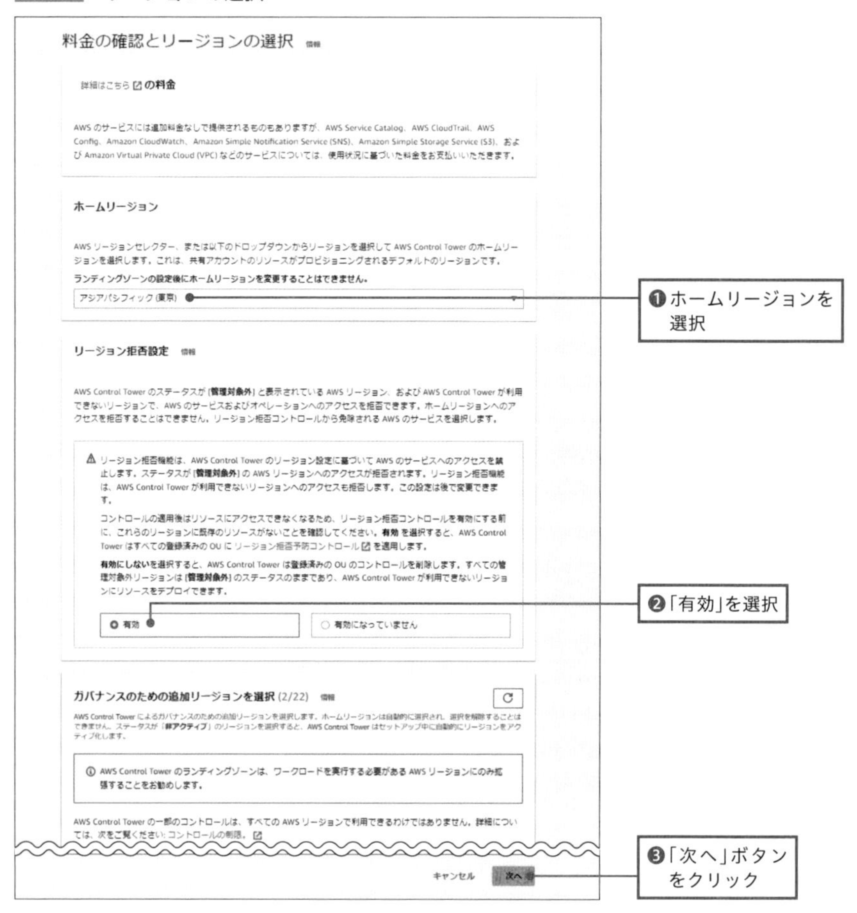

ワークロード実行用に、追加の組織単位(OU)を作成するように設定を行います。

図6-28 組織単位(OU)の設定

ログアーカイブ用AWSアカウントと監査用AWSアカウントを作成するために、それぞれメールアドレスとAWSアカウント名を入力します。

図6-29　ログアーカイブ用、監査用のAWSアカウントの作成

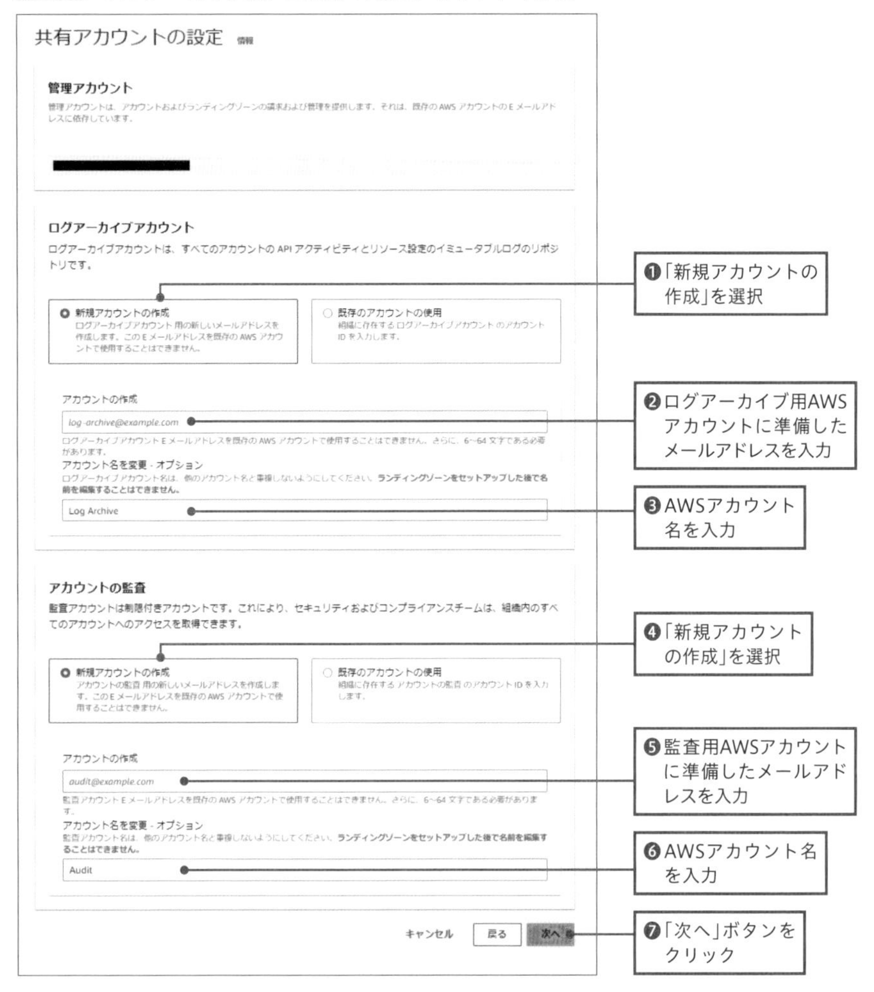

CloudTrailを有効にするように選択し、「次へ」ボタンをクリックします。

図6-30 AWS CloudTrailの有効化

最終確認画面に変わりますので、内容を確認のうえでチェックボックスにチェックを入れて、「ランディングゾーンの設定」ボタンをクリックします。

図6-31 最終確認画面

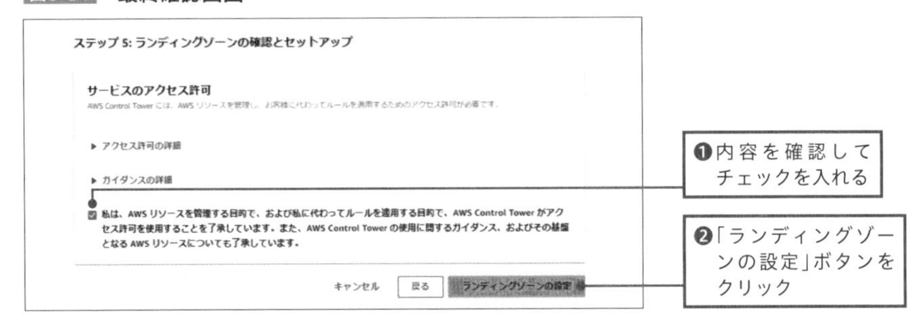

ランディングゾーンの設定が開始されます。1時間ほど経つと、ランディングゾーンの設定が完了します。

図6-32 ランディングゾーンのセットアップ中画面

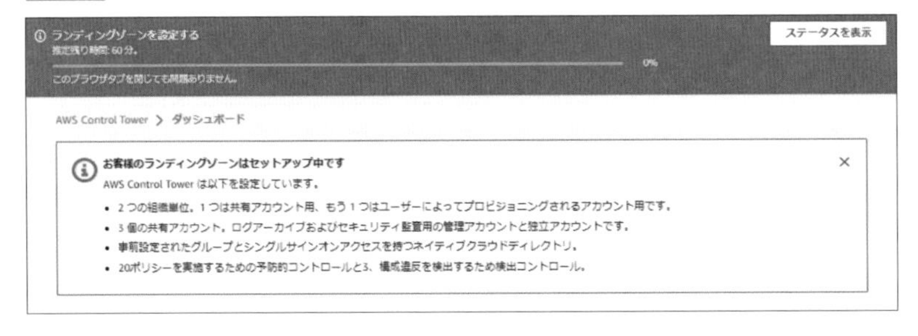

図6-33 ランディングゾーンの設定完了画面

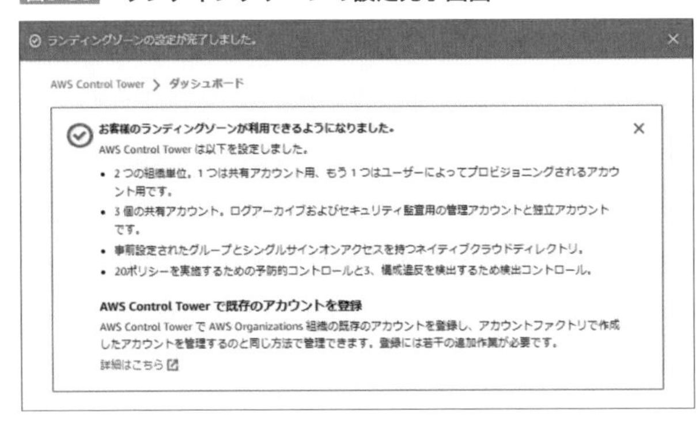

6.2.3 ユーザーにMFAデバイスの利用を強制する

続いて、AWSマネジメントコンソールを利用するユーザーに**MFAデバイスの利用を強制する設定**を行います。

AWSマネジメントコンソール上部にある「サービス」タブを展開します。「セキュリティ、ID、およびコンプライアンス」から「IAM Identity Center」を選択します。

図6-34 「IAM Identity Center」メニュー

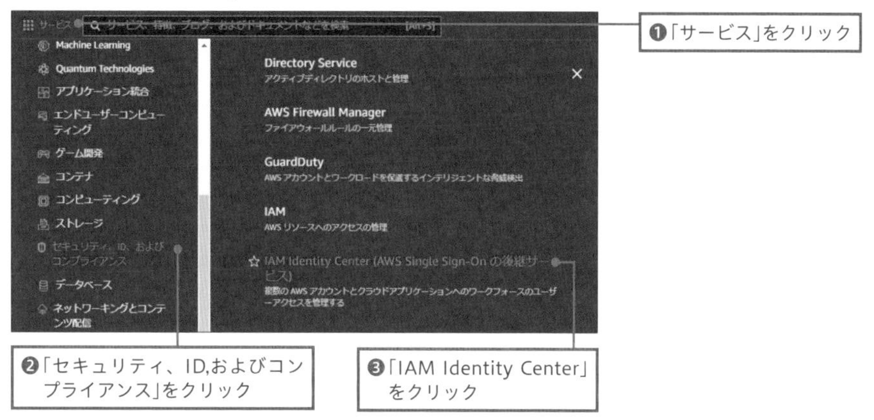

IAM Identity Center画面の左ペインから「設定」をクリックします。「認証」タブをクリックし、多要素認証欄の「設定」ボタンをクリックします。

図6-35 多要素認証(MFA)を強制する設定

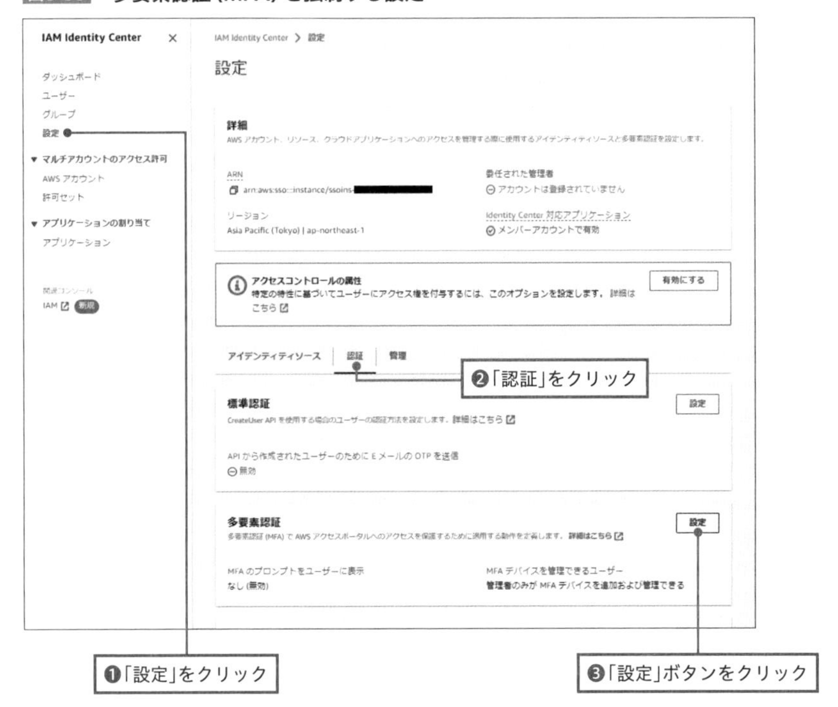

多要素認証の設定を行います。今回のハンズオンでは「**ユーザーにMFAデバイスの登録を要求し、サインインコンテキストが通常と異なる際にMFAプロンプトを表示する**」ように設定しています。実際には準拠するべきセキュリティ要件に合わせて選択してください。

図6-36　多要素認証の設定

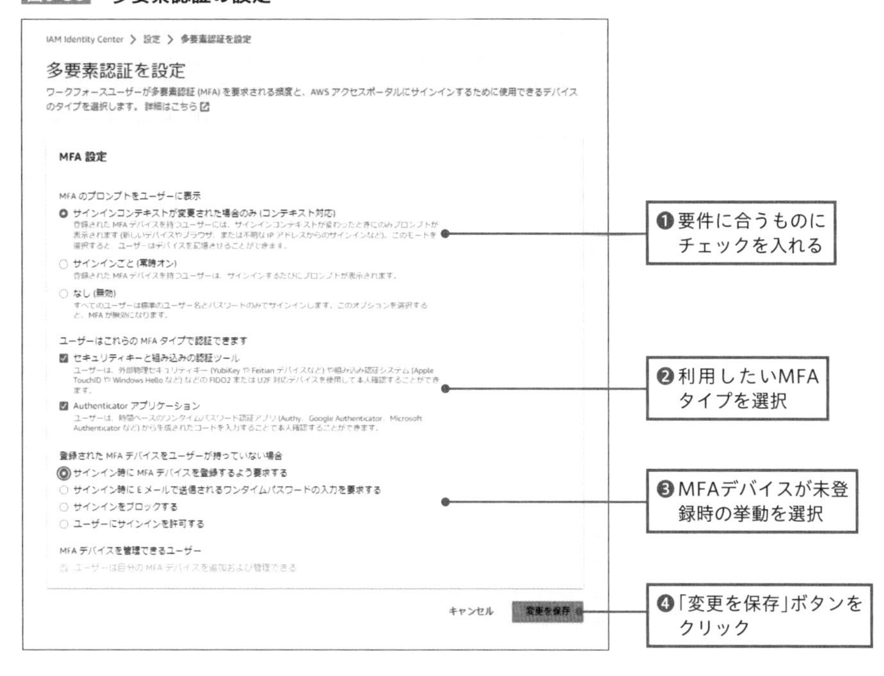

多要素認証の設定が有効になったことを確認します。

図6-37　多要素認証の設定が有効化されたことを確認

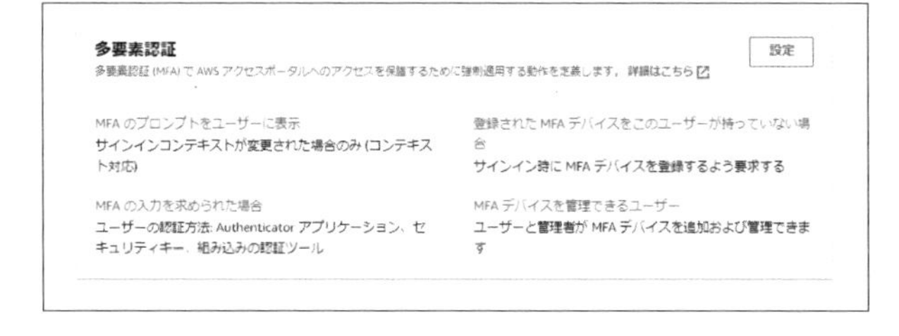

6.2.4 ユーザーの登録

続いて、AWSマネジメントコンソールを利用するユーザーの登録作業を行います。段取りは次の4段階です。

①ユーザーが所属するグループを作成する
②ユーザーを作ってグループに所属させる
③「許可セット」というユーザーもしくはグループに割り当てる権限を作成する
④AWSアカウントにグループと許可セットをプロビジョニング(設定)する

以上でユーザーがAWSアカウントにログインして操作ができるようにしていきます。

ユーザーが所属するグループの作成

IAM Identity Center画面の左ペインから「グループ」を選択します。「グループを作成」ボタンをクリックします。

図6-38 グループを作成①

「グループ名」欄にグループ名を入力します。ユーザーの登録も可能ですが、ユーザー未作成のため選択しないで、「グループを作成」ボタンをクリックします。

図6-39　グループを作成②

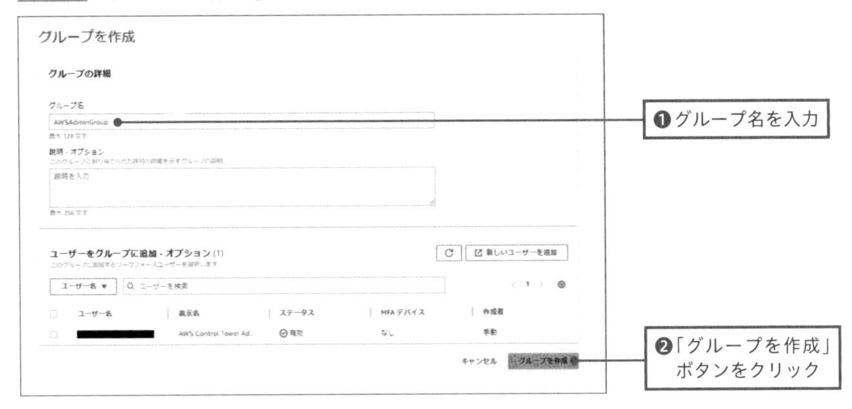

入力したグループ名のグループが作成されたことを確認します。

図6-40　作成したグループを確認

IAM Identity Center　×
IAM Identity Center > グループ

ダッシュボード
ユーザー
グループ
設定
▼ マルチアカウントのアクセス許可
AWS アカウント
許可セット
▼ アプリケーションの割り当て
アプリケーション
関連コンソール
IAM 新規

グループ (9)

グループを削除　グループを作成

グループ名	説明	作成者
AWSAdminGroup	-	手動
AWSSecurityAuditors	Read-only access to all accounts...	手動
AWSControlTowerAdmins	Admin rights to AWS Control To...	手動
AWSAccountFactory	Read-only access to account fac...	手動
AWSServiceCatalogAdmins	Admin rights to account factory ...	手動
AWSLogArchiveViewers	Read-only access to log archive ...	手動
AWSLogArchiveAdmins	Admin rights to log archive acco...	手動
AWSSecurityAuditPowerUsers	Power user access to all account...	手動
AWSAuditAccountAdmins	Admin rights to cross-account a...	手動

グループに登録するユーザーの作成

グループに登録するユーザーを作成します。IAM Identity Center画面の左ペインから「ユーザー」を選択します。「ユーザーを追加」ボタンをクリックします。

図6-41 ユーザーを追加

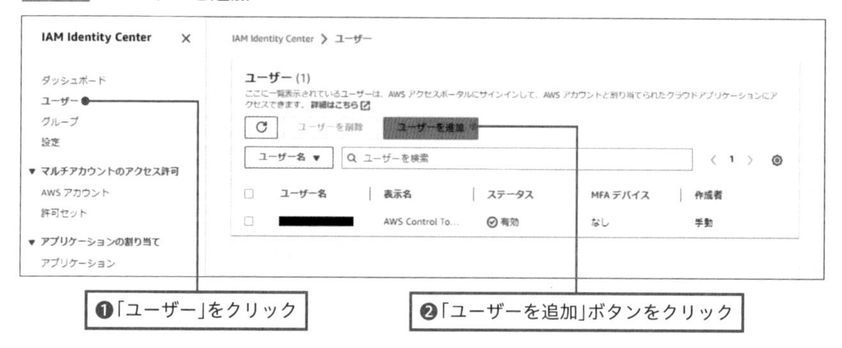

「プライマリ情報」の各欄にユーザー名やEメールアドレスなどのユーザー情報を入力します。お問い合わせ方法以下は任意ですので、今回は割愛します。「次へ」ボタンをクリックします。

図6-42 ユーザー情報を入力

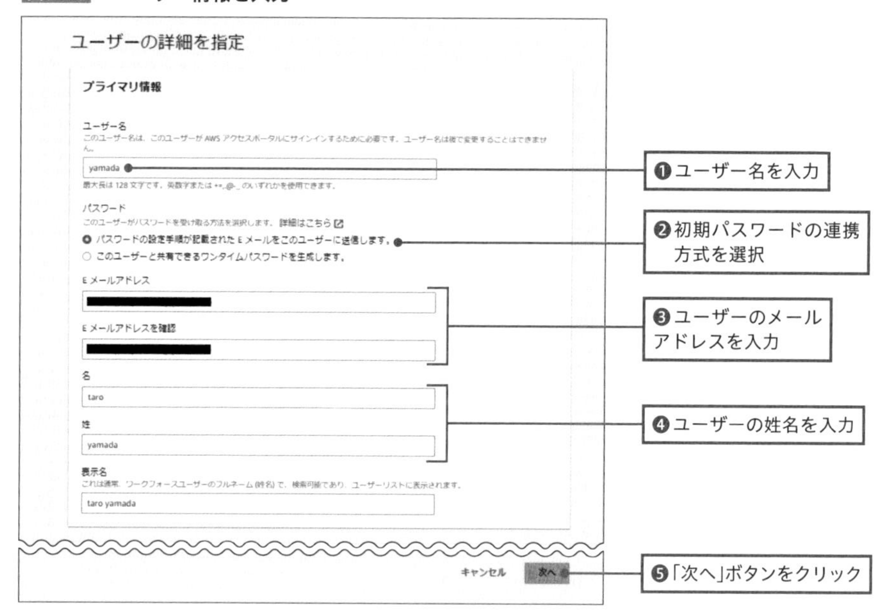

先ほど作成した、ユーザーが所属するグループにチェック入れます。「次へ」ボタンをクリックします。

図6-43　ユーザーをグループに追加

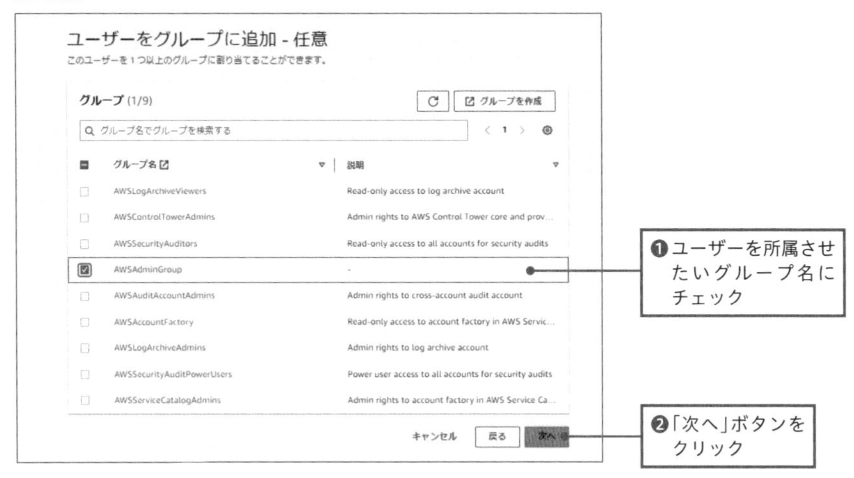

ユーザー情報に誤りがないことを確認し、「ユーザーを追加」ボタンをクリックします。

図6-44　ユーザー情報を確認して追加を実行

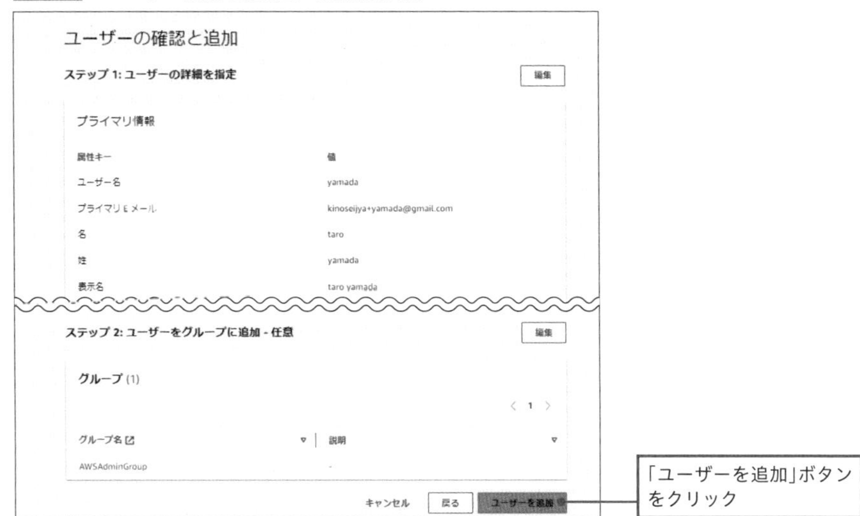

第6章　マルチアカウントアーキテクチャ構築のハンズオン

登録したユーザーが作成されたことを確認します。

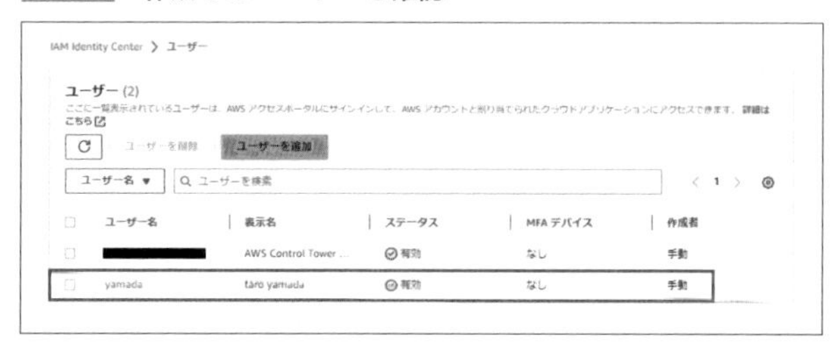

図6-45 作成したユーザーを確認

グループに割り当てる許可セットの作成

グループに割り当てる許可セットを作成します。あらかじめAWSにて作成済みの許可セットは権限が強いものが多いため、ここでは請求関連の権限のみを持った許可セットを作成します。IAM Identity Center画面の左ペインから「許可セット」を選択します。「許可セットを作成」ボタンをクリックします。

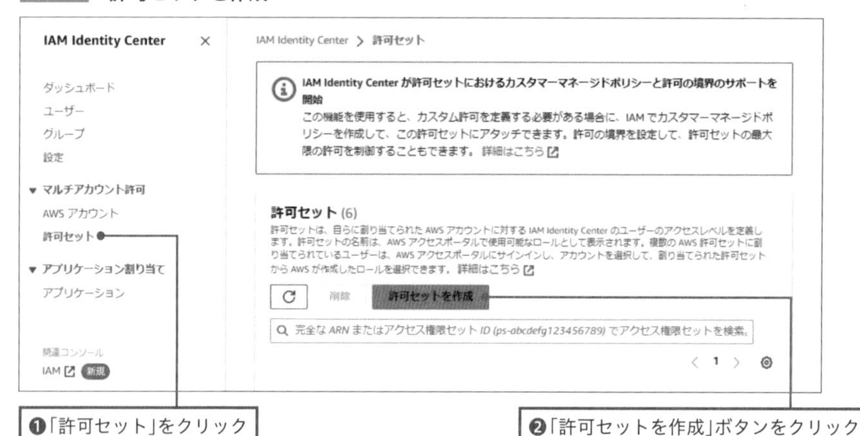

図6-46 許可セットを作成

許可セットのタイプは「事前定義された許可セット」を選択します。事前定義された許可セットのポリシーから「Billing」を探して選択します。「次へ」ボタンをクリックします。

図6-47 「Billing」のポリシーを持った許可セットを作成

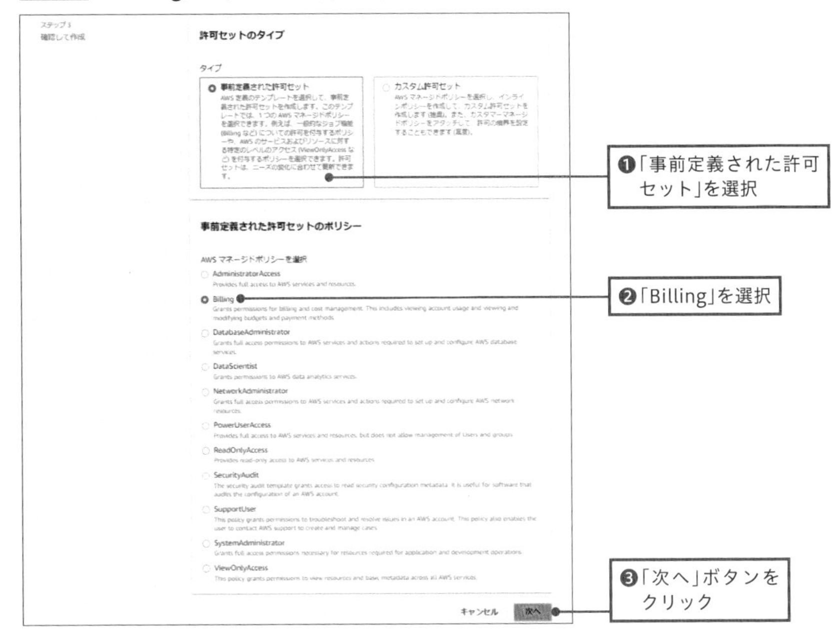

許可セット名を入力して、「次へ」ボタンをクリックします。

図6-48 許可セット名を入力

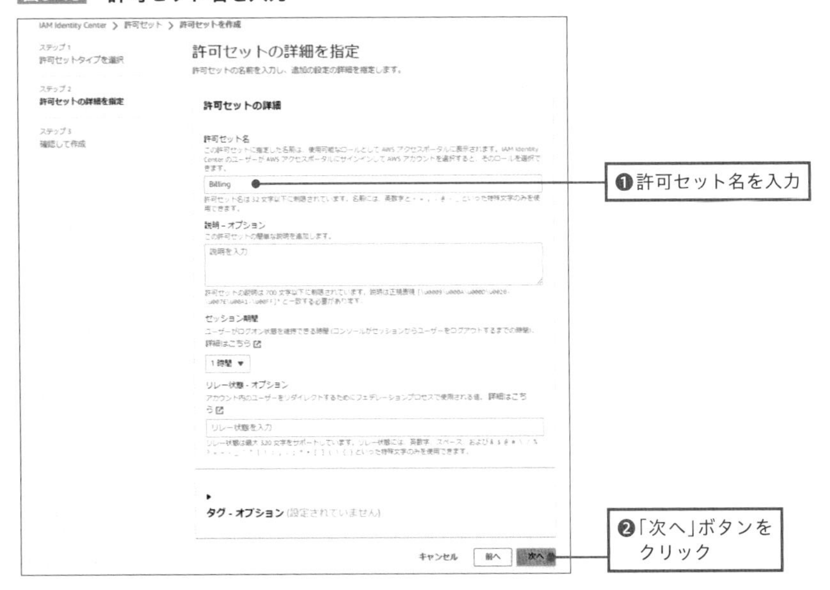

内容を確認して、「作成」ボタンをクリックします。

図6-49　許可セットの内容を確認して作成

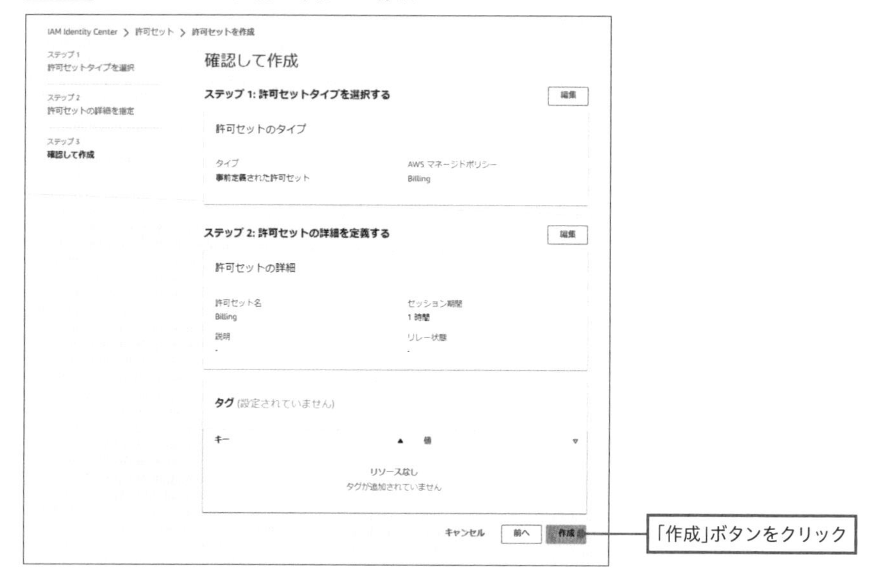

作成した許可セットがあることを確認します。

図6-50　作成した許可セットの確認

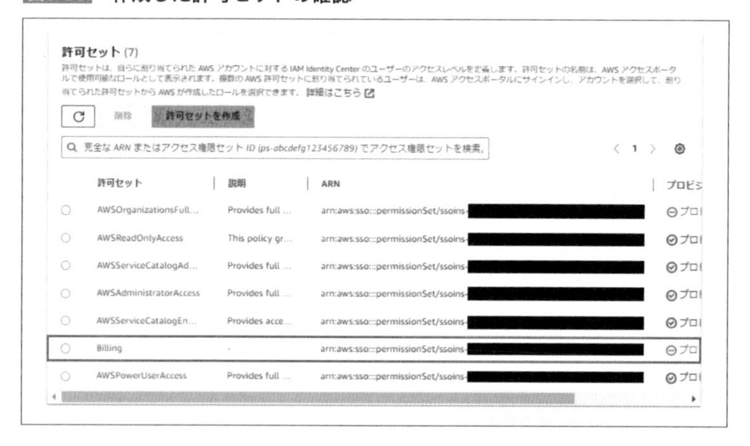

グループにAWSアカウントへの権限を割り当て

最後に、グループに対してAWSアカウントへの権限割り当て作業を行います。ここでは管理アカウントに対して、「AWSAdministratorAccess」(AWSにてあらかじめ作成済み)と「Billing」(**図6-46～6-50**で作成済み)の2つの許可セットと、グループ(**図6-38～6-40**で作成済み)を割り当てていきます。

IAM Identity Center画面の左ペインから「AWSアカウント」を選択します。AWS Organizationsの組織構成が表示されるので、アクセス権限を割り当てたいAWSアカウントを探してチェックを入れます。「ユーザーまたはグループを割り当て」ボタンをクリックします。

図6-51 グループにアクセス権限を割り当てるAWSアカウントを選択

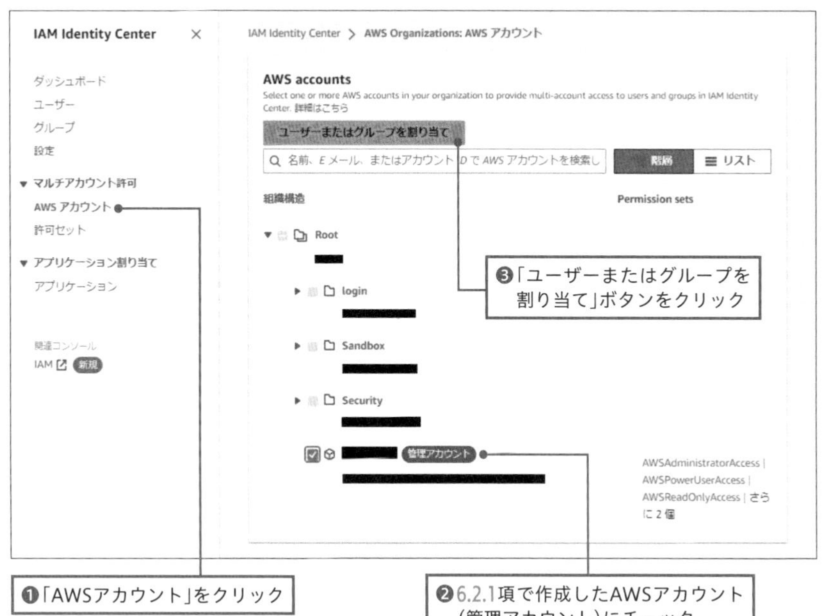

「グループ」タブをクリックし、先ほど作成したグループにチェックを入れます。「Next」ボタンをクリックします。

図6-52 グループを選択

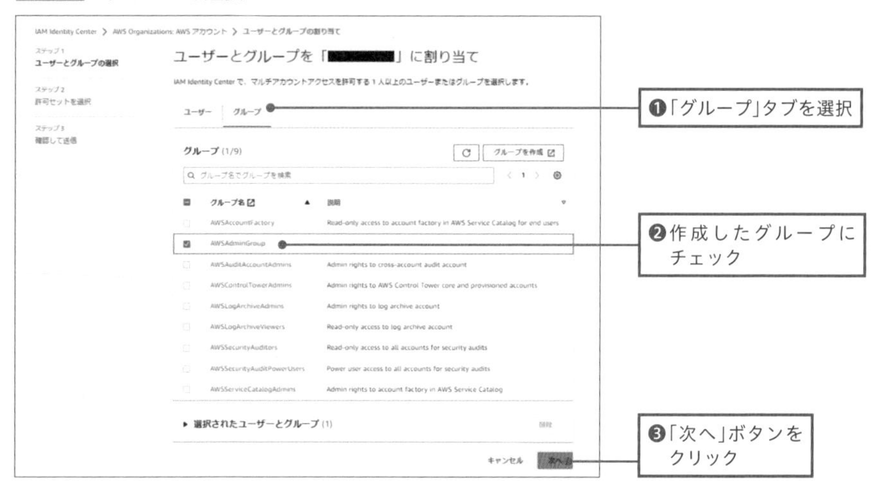

続いて、許可セットを割り当てます。先ほど作成した許可セット、およびあらかじめAWSにて作成済みの許可セットである「AWSAdministratorAccess」の2つにチェックを入れます。「次へ」ボタンをクリックします。

図6-53 許可セットを選択

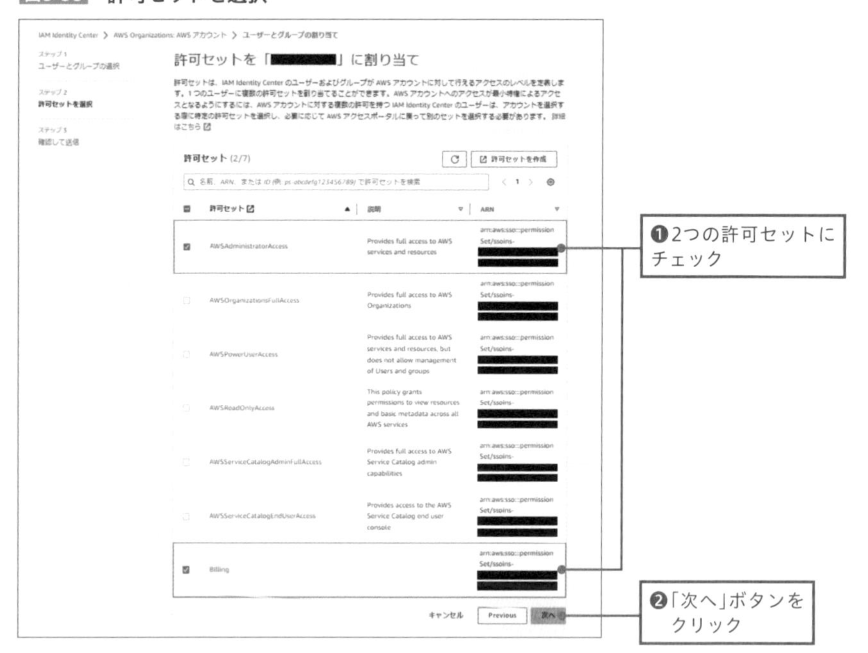

割り当て内容を確認します。問題なければ「送信」ボタンをクリックします。

図6-54 割り当てを確認して実行

ユーザー側の初期設定

最後に、ユーザー側の初期設定を行います。**ユーザー作成時に登録したEメールアドレス宛て**に、IAM Identity Center（旧称：AWS Single Sign-On）より招待メールが届いています。「Accept invitation」をクリックします。

図6-55 ユーザー作成時に登録したEメールアドレス宛てに届くメール

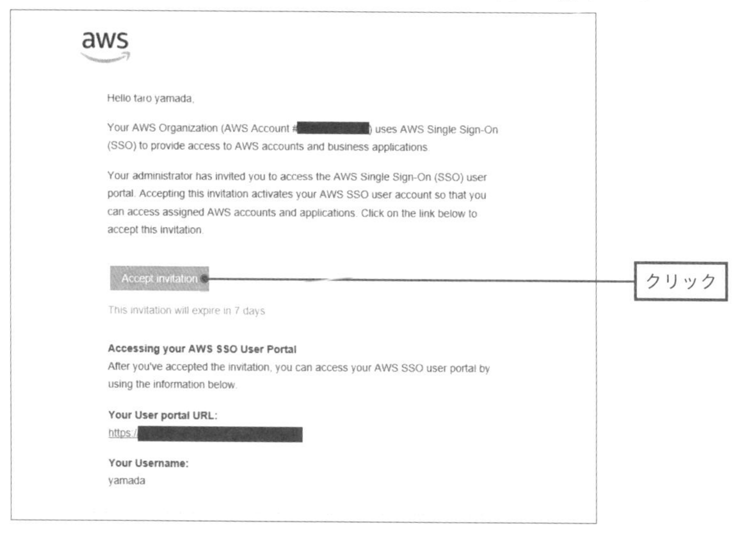

新規パスワードを入力します。「新しいパスワードを設定」ボタンをクリックします。

図6-56　新規ユーザーのサインアップ

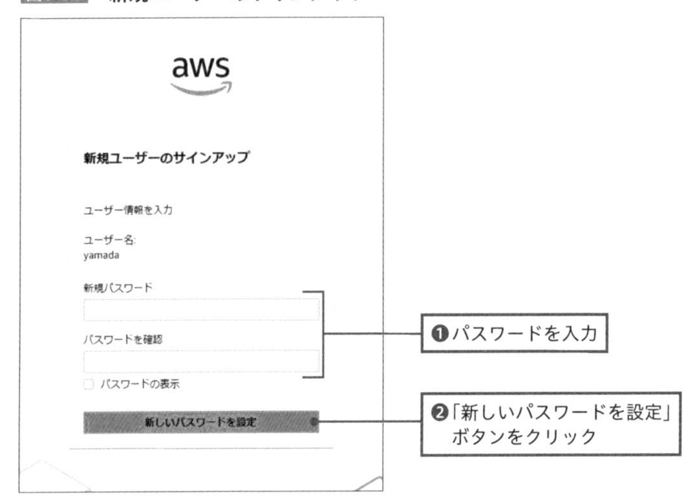

新しいパスワードでのサインインを行います。ユーザー名を入力し、「次へ」ボタンをクリックします。

図6-57　新規ユーザーのサインイン①

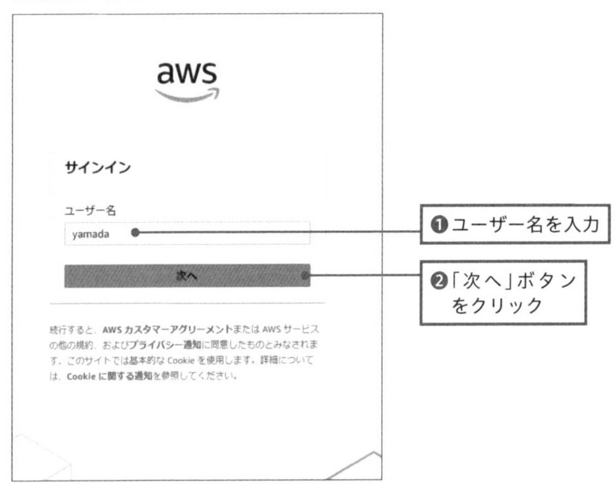

パスワードを入力し、「サインイン」ボタンをクリックします。

図6-58　新規ユーザーのサインイン②

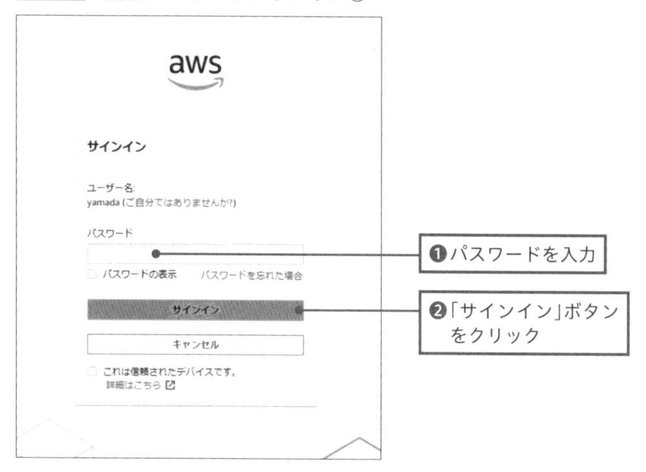

認証に成功すると、**AWSアクセスポータル画面**が表示されます。MFAデバイスを登録するために、右上の「MFA devices」をクリックします。

図6-59　サインインした画面

MFAデバイス一覧画面に遷移します。「Register device」ボタンをクリックします。

図6-60　MFAデバイス一覧画面

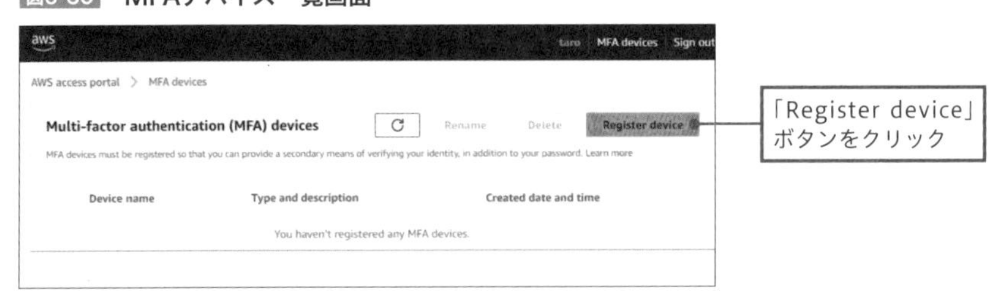

利用したいMFAデバイスのタイプを選択し、「Next」ボタンをクリックします。今回のハンズオンでは「認証アプリ」を選択しています。

図6-61　利用したいMFAデバイスのタイプを選択

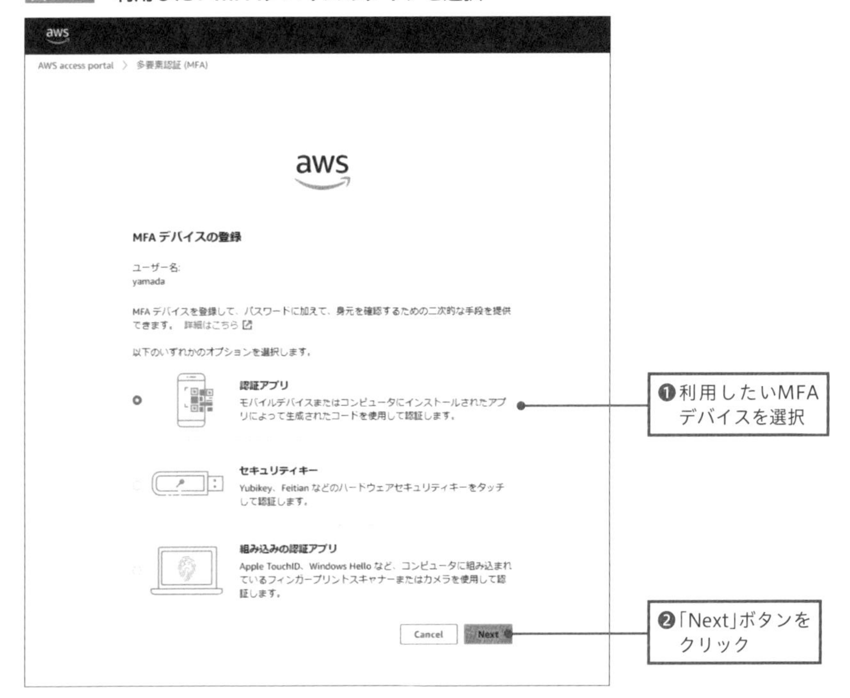

案内に従ってMFAデバイスを登録します。

図6-62　MFAデバイスの登録

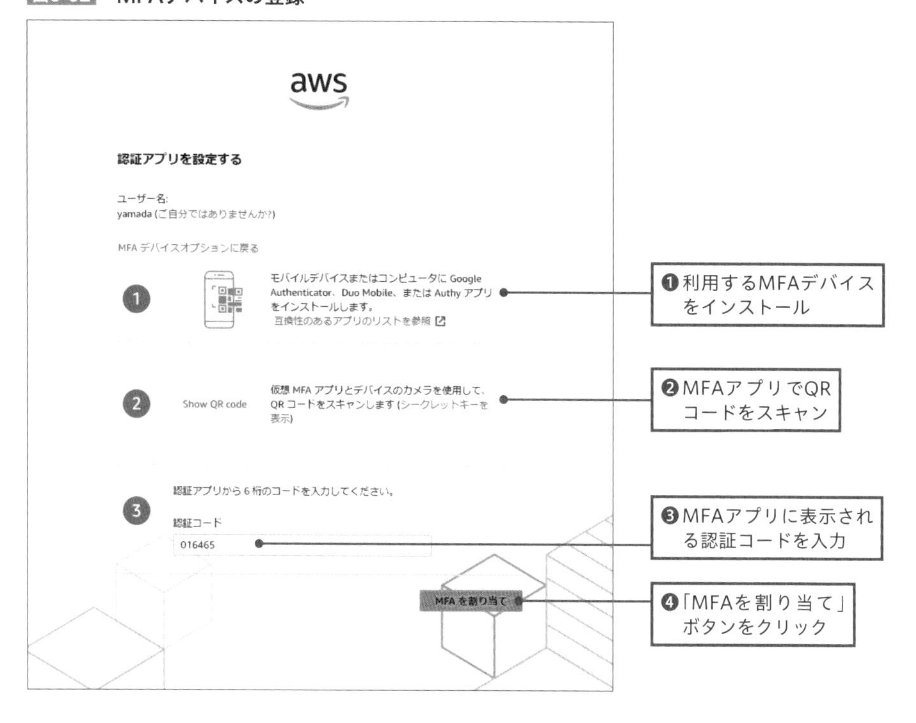

MFAデバイス(今回は認証アプリ)が登録できたことを確認します。

図6-63　MFAデバイスが登録できたことを確認

図6-64　MFAデバイス一覧画面に追加された

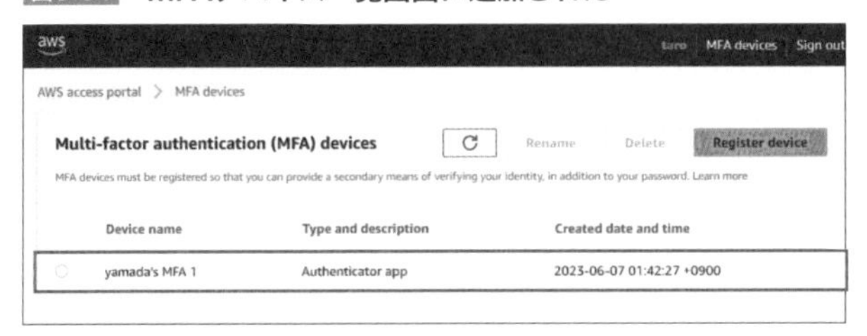

いよいよAWSアカウントにログインします。AWSアクセスポータル画面にて「AWS Account」をクリックします。ログインしたいAWSアカウントをクリックして展開すると、許可セットが表示されます。対象の許可セットの「Management console」をクリックします。

図6-65　AWSアクセスポータル画面からAWSアカウントにログイン

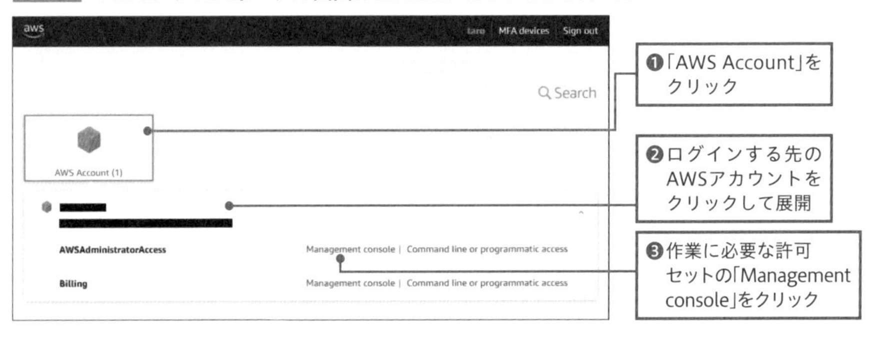

AWSマネジメントコンソールにログインできました。以降の作業は特段指定しない限り、「AWSAdministratorAccess」の許可セットでログインしていることとします。

図6-66 AWSマネジメントコンソールにログイン完了

6.2.5 AWS Control Towerを利用したメンバーアカウントの作成

Control Towerを利用してメンバーアカウントを追加します。

AWSマネジメントコンソール上部にある「サービス」タブを展開します。「管理とガバナンス」から「Control Tower」を選択します。

図6-67 「Control Tower」メニュー

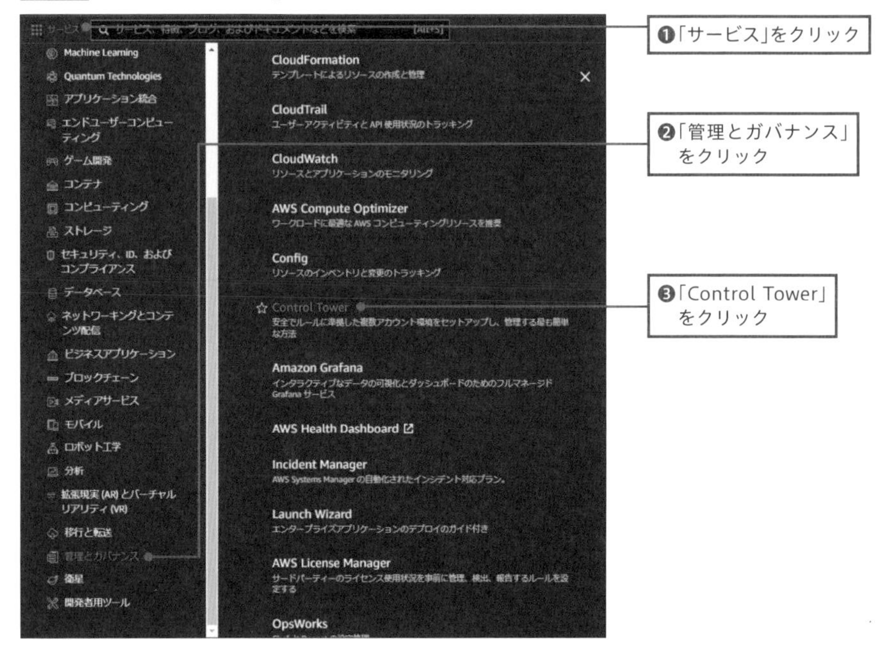

Control Towerダッシュボード画面の左側ペインから「組織」をクリックします。右上の「リソースを作成」ボタンをクリックします。展開された項目から「組織単位を作成」をクリックします。

図6-68 組織単位(OU)の作成

「OU名」欄にOU名を入力し、「親OU」欄から上位のOUを選択して、「追加」ボタンをクリックします。今回のハンズオンでは、Rootアカウント直下にOUを作成するとして、親OUに「Root」を選択しています。

図6-69 OUの追加

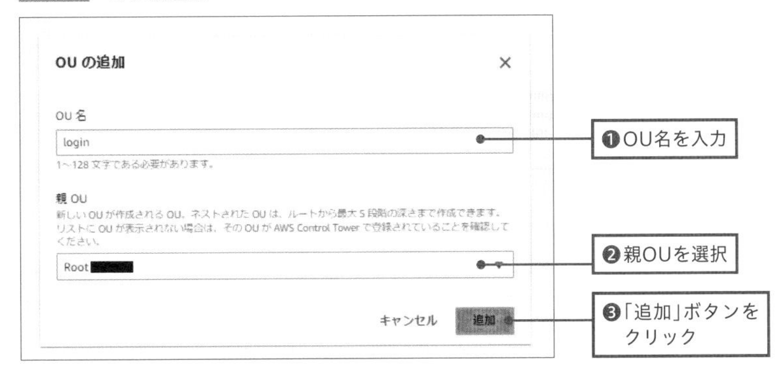

作成したOUを確認します。今回のハンズオンではRoot配下に「**login**」というOUが生成されています。

図6-70 作成したOUの確認

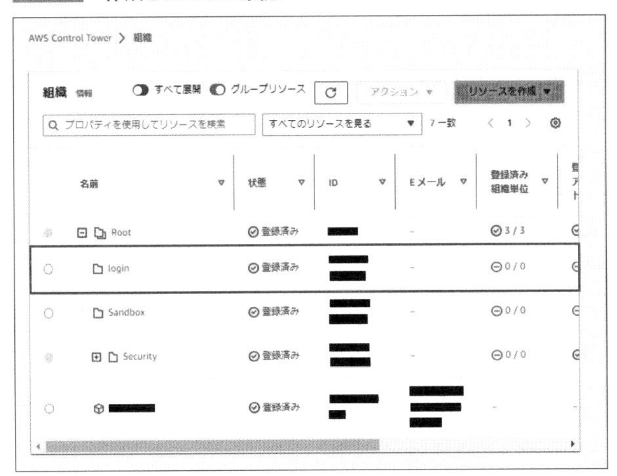

続いて、メンバーアカウントの追加を行います。Control Towerダッシュボード画面の左側ペインから「組織」をクリックします。右上の「リソースを作成」ボタンをクリックして、展開された項目から「アカウントの作成」をクリックします。

図6-71　メンバーアカウントの作成

メールアドレスなど必要情報を入力します。今回のハンズオンでは、先ほど作成した**login**というOUにメンバーアカウントを所属させる場合を例としています。入力情報を確認したら、「アカウントの作成」ボタンをクリックします。

図6-72　メンバーアカウントの情報入力

しばらく待って、指定したOU配下にメンバーアカウントが作成されたことを確認します。

図6-73　作成したメンバーアカウントの確認

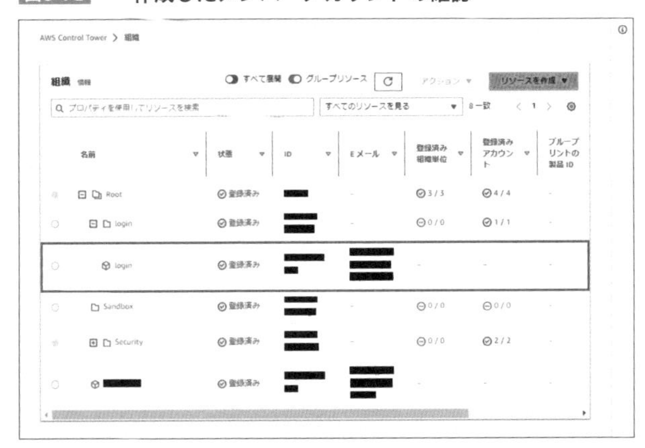

第6章 マルチアカウントアーキテクチャ構築のハンズオン

6.2.6 AWS IAM Identity Centerの管理をログイン用アカウントへ権限委任する

続いて、IAM Identity Centerの管理を**ログイン用アカウント**へ権限委任します。

AWSマネジメントコンソール上部にある「サービス」タブを展開します。「セキュリティ、ID、およびコンプライアンス」から「IAM Identity Center」を選択します。

図6-74 「IAM Identity Center」メニュー

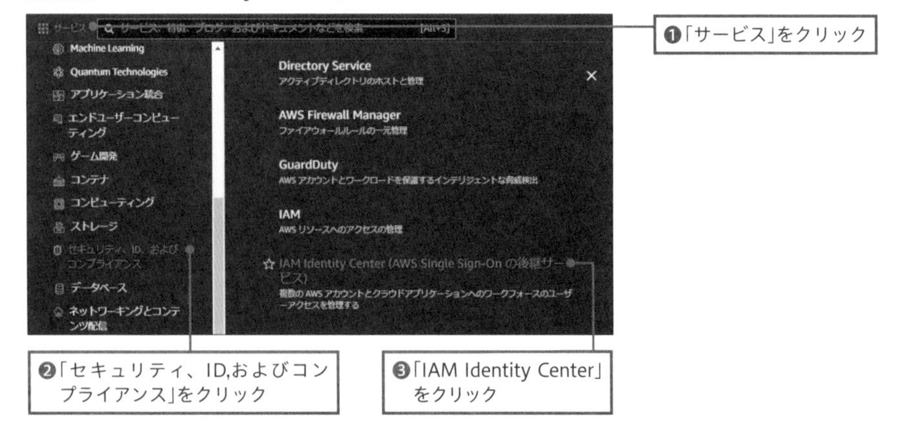

IAM Identity Center画面の左ペインから「設定」をクリックします。「管理」タブをクリックし、「アカウントを登録」ボタンをクリックします。

図6-75 IAM Identity Centerの管理を委任

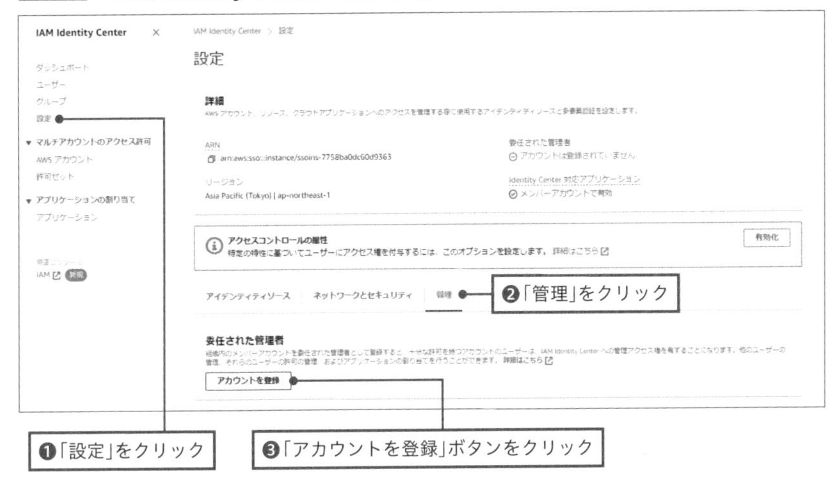

AWS Organization画面が表示されて組織に所属するAWSアカウント一覧が確認できるので、OUを展開してログイン用AWSアカウントにチェックを入れます。「アカウントを登録」ボタンをクリックします。

図6-76 委任先のアカウントを選択

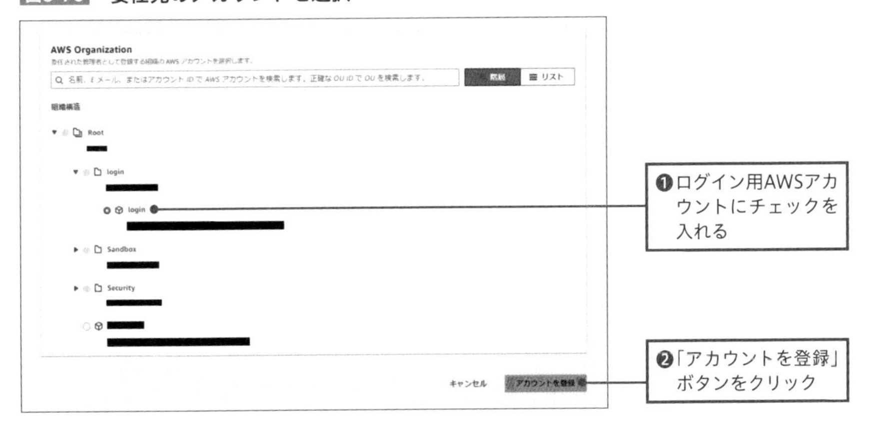

「委任された管理者」に、選択したAWSアカウントが登録されたことを確認します。これで管理の委任は完了です。

図6-77 管理の委任が完了

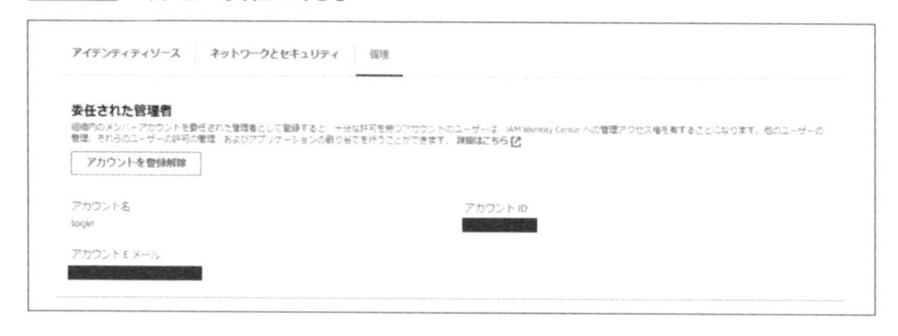

6.2.7 予算の作成

AWSは従量課金制なので、使った分だけ請求が生じます。そのため、**EC2インスタンスを止め忘れたり、サービス設定を誤ったりした結果、高額な請求が届いた**という事例はよく発生します。未然に防ぐためには**予算**を設定しておき、利用料がしきい値を超えたらメールなどで通知するようにしておきましょう。今回のハンズオンでは、**予測コストがしきい値の90%に達したらアラートメール通知が届く**ように設定します。

表6-1 今回のハンズオンでの予算の設定

項目	設定値
予算額(月額)	$10,000
しきい値	90%
アラート通知のトリガー	予測コストがしきい値を超えたとき
通知先	Eメール

請求情報自体がデフォルトでIAMユーザーやIAMロールからのアクセスを拒否しているので、設定を変更する必要があります。そのために、**管理アカウント**に**ルートユーザー**(AWSアカウントを作成時に登録したメールアドレスとパスワード、MFAデバイスによるワンタイムパスワード)でログインします。

画面右上にあるAWSアカウント名をクリックし、「アカウント」をクリックします。

図6-78 「アカウント」メニュー

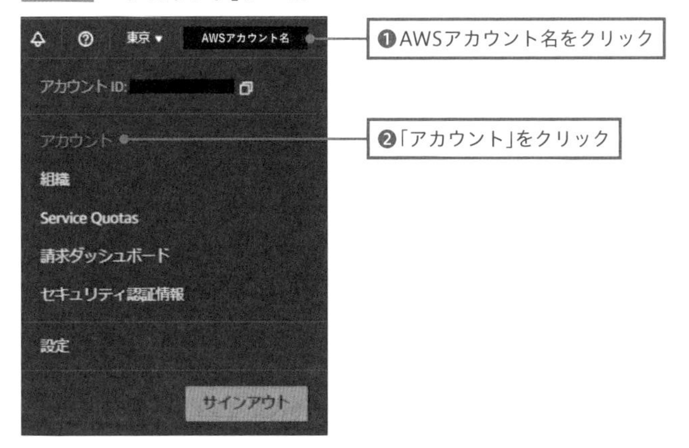

遷移した画面にて下へスクロールします。「IAMユーザー /ロールによる請求情報へのアクセス」の項目があるので、右手にある「編集」をクリックします。

図6-79 「IAMユーザー /ロールによる請求情報へのアクセス」

「IAMアクセスをアクティブ化」のチェックボックスにチェックを入れ、「更新」ボタンをクリックします。

第6章 マルチアカウントアーキテクチャ構築のハンズオン

図6-80　IAMアクセスをアクティブ化

▾IAM ユーザー/ロールによる請求情報へのアクセス

IAM アクセスをアクティブ化 設定を使用して、IAM ユーザーとロールに請求とコスト管理コンソールのページへのアクセスを許可します。この設定だけでは、これらのコンソールページに必要な許可を IAM ユーザーおよびロールに付与できません。IAM アクセスのアクティブ化に加えて、必要な IAM ポリシーをそれらのユーザーまたはロールにアタッチする必要があります。詳細については、請求の情報およびツールへの許可 を参照してください。

この設定を非アクティブ化した場合、管理者アクセスまたは必要な IAM ポリシーを持っていても、このアカウントの IAM ユーザーとロールは請求とコスト管理コンソールのページにアクセスできなくなります。

IAM アクセスをアクティブ化 の設定では、次へのアクセスは制御されません。

- AWS Cost Anomaly Detection のコンソールページ、Savings Plans の概要、Savings Plans インベントリ、Purchase Savings Plans、および Savings Plan カート
- AWS コンソールモバイルアプリケーションのコスト管理ビュー
- Billing and Cost Management SDK API (AWS Cost Explorer API、AWS Budgets API、および AWS Cost and Usage Report API)
- コストと使用状況レポートコンソールページの顧客カーボンフットプリントツール

✓ IAM アクセスをアクティブ化

更新　キャンセル

❶「IAMアクセスをアクティブ化」をチェック

❷「更新」ボタンをクリック

IAMユーザー /ロールから請求情報へのアクセスが有効になったことを確認します。ルートユーザーでの作業はこれにて完了ですので、サインアウトします。6.2.4項「ユーザーの登録」で作成したユーザーで請求情報へアクセス可能となったので、6.2.4項で作成したユーザーでサインインして、予算の作成を行います。本手順においては、「AWSAdministratorAccess」と「Billing」のどちらの許可セットでも作業が可能です。

図6-81　アクティブ化されたことを確認

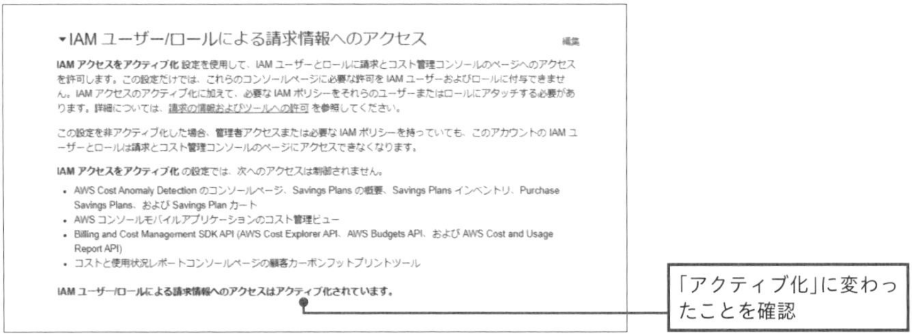

▾IAM ユーザー/ロールによる請求情報へのアクセス　編集

IAM アクセスをアクティブ化 設定を使用して、IAM ユーザーとロールに請求とコスト管理コンソールのページへのアクセスを許可します。この設定だけでは、これらのコンソールページに必要な許可を IAM ユーザーおよびロールに付与できません。IAM アクセスのアクティブ化に加えて、必要な IAM ポリシーをそれらのユーザーまたはロールにアタッチする必要があります。詳細については、請求の情報およびツールへの許可 を参照してください。

この設定を非アクティブ化した場合、管理者アクセスまたは必要な IAM ポリシーを持っていても、このアカウントの IAM ユーザーとロールは請求とコスト管理コンソールのページにアクセスできなくなります。

IAM アクセスをアクティブ化 の設定では、次へのアクセスは制御されません。

- AWS Cost Anomaly Detection のコンソールページ、Savings Plans の概要、Savings Plans インベントリ、Purchase Savings Plans、および Savings Plan カート
- AWS コンソールモバイルアプリケーションのコスト管理ビュー
- Billing and Cost Management SDK API (AWS Cost Explorer API、AWS Budgets API、および AWS Cost and Usage Report API)
- コストと使用状況レポートコンソールページの顧客カーボンフットプリントツール

IAM ユーザー/ロールによる請求情報へのアクセスはアクティブ化されています。

「アクティブ化」に変わったことを確認

AWSマネジメントコンソール右上部にある「許可セット名/ユーザー名」タブから、「請求ダッシュボード」を選択します。

図6-82 「請求ダッシュボード」メニュー

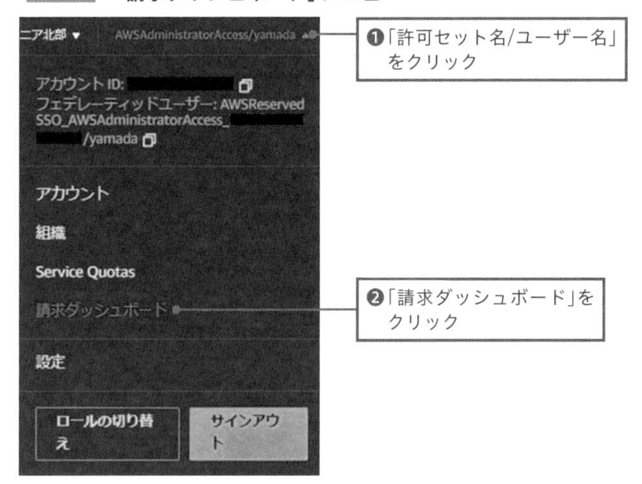

「Budgets」をクリックすると、予算の概要が表示されます。「予算の作成」ボタンをクリックします。

図6-83 予算の作成

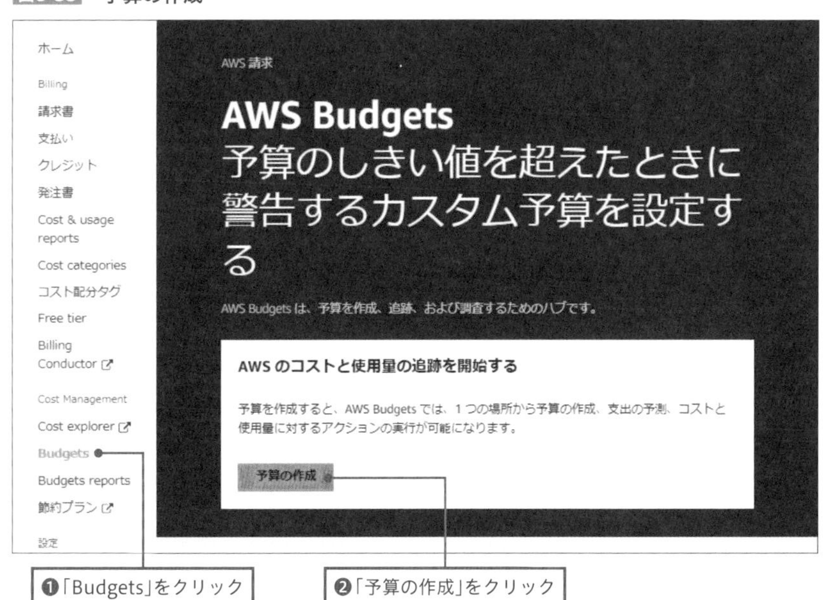

予算タイプの設定画面に遷移します。今回はデフォルトで選択されている「コスト予算」を行いたいため、設定はそのままで「次へ」ボタンをクリックします。

図6-84 予算タイプの設定

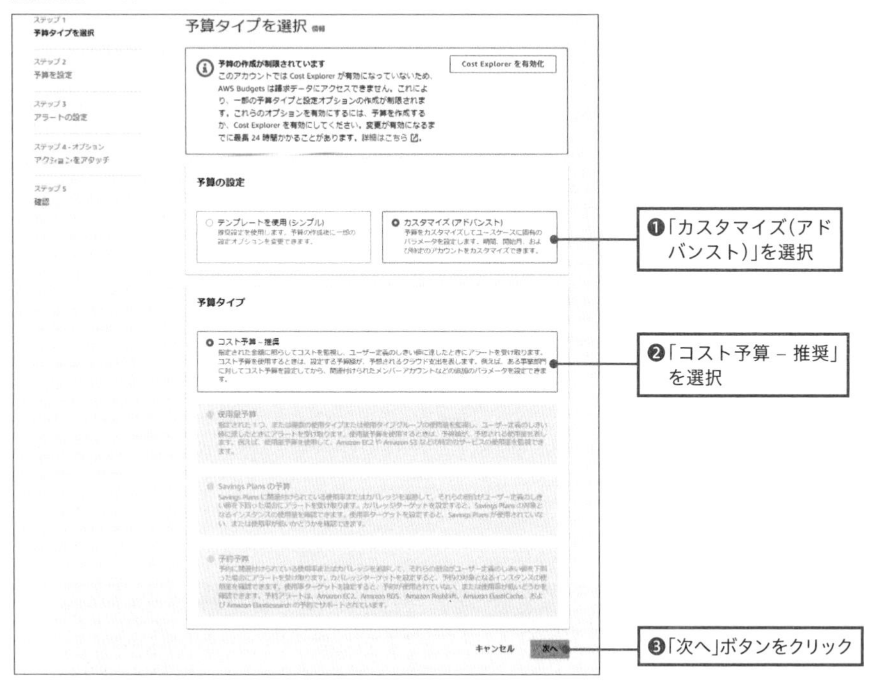

予算の設定画面へ遷移します。「詳細」の欄に予算名を、「予算額を設定」の各欄にはパラメータの選択と予算額を入力します。「予算の範囲」の各欄はデフォルトのままで進めます。

図6-85　予算の設定

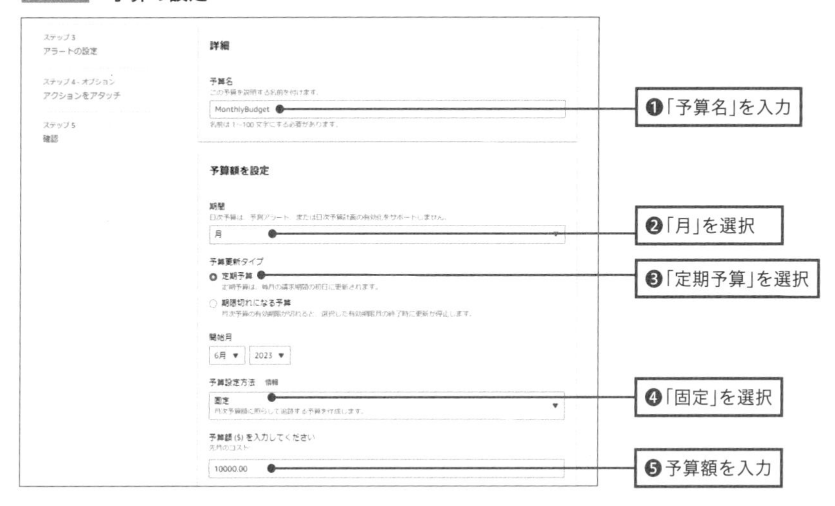

図6-86　「予算の範囲」

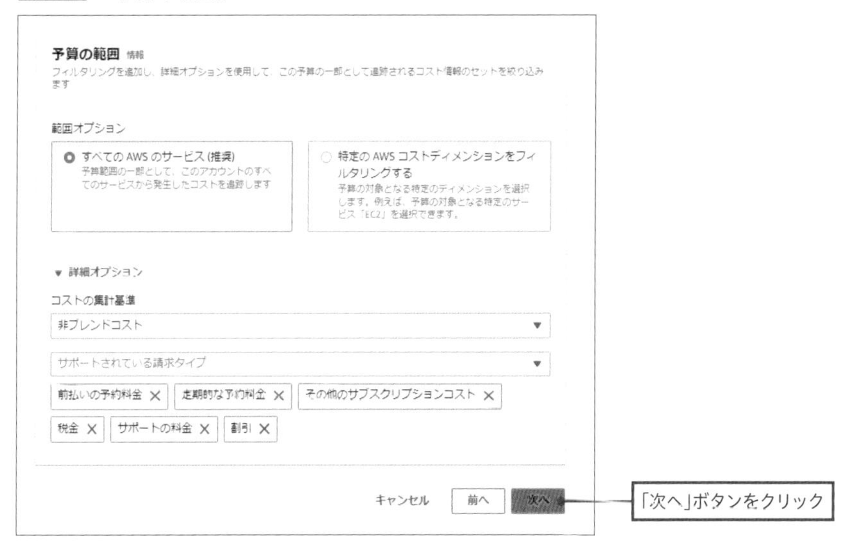

続いて、アラートの設定を行います。「アラートのしきい値を追加」ボタンをクリックします。

図6-87　アラートの設定①

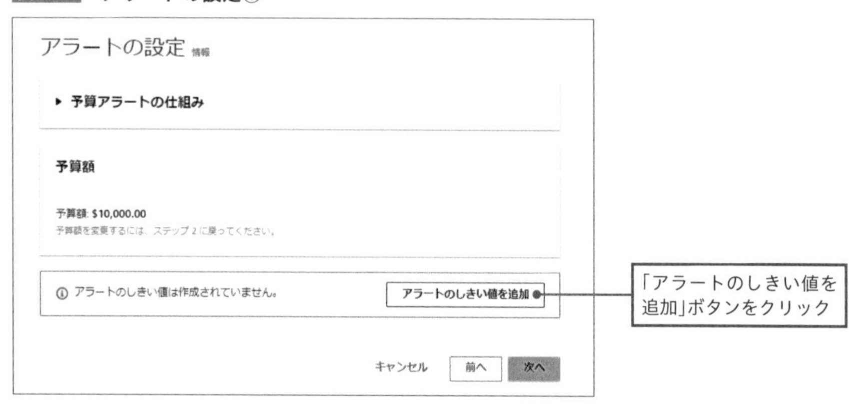

「アラートのしきい値を設定」欄が展開されます。しきい値を入力し、パラメータを設定します。「Eメールの受信者」欄にアラートメールを通知する宛先メールアドレスを入力します。

図6-88　アラートの設定②

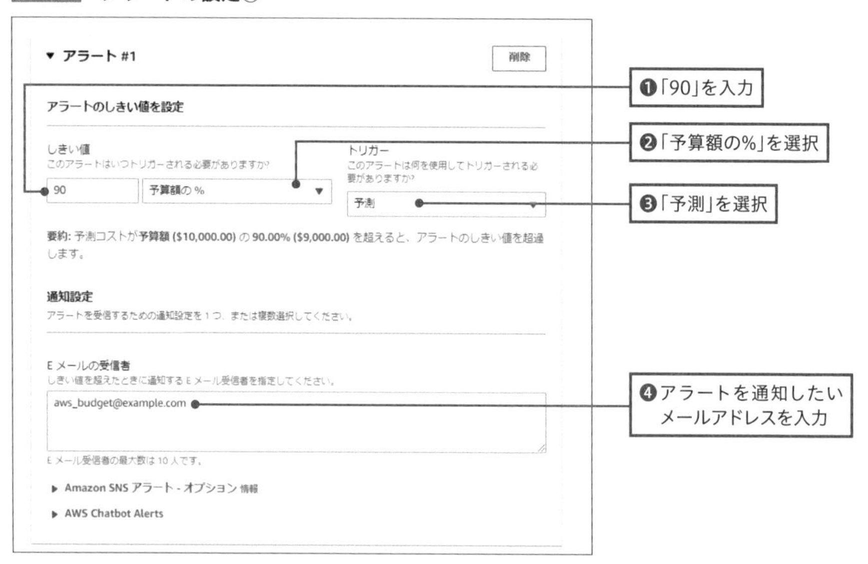

入力が完了したら、「次へ」ボタンをクリックします。入力内容の確認画面に遷移しますので、内容に問題なければ「予算を作成」ボタンをクリックします。

図6-89　入力内容を確認して予算を作成

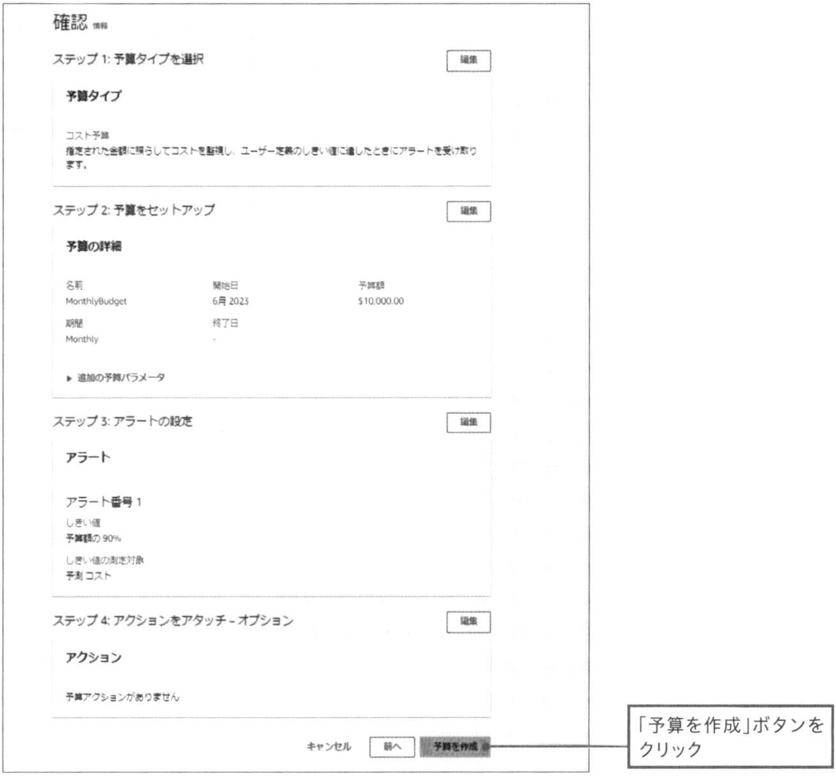

確認 情報
ステップ 1: 予算タイプを選択
編集
予算タイプ
コスト予算
指定された金額に照らしてコストを監視し、ユーザー定義のしきい値に達したときにアラートを受け取ります。
ステップ 2: 予算をセットアップ
編集
予算の詳細
名前
MonthlyBudget
開始日
6月 2023
予算額
$10,000.00
期間
Monthly
終了日
▶ 追加の予算パラメータ
ステップ 3: アラートの設定
編集
アラート
アラート番号 1
しきい値
予算額の 90%
しきい値の測定対象
予測コスト
ステップ 4: アクションをアタッチ - オプション
編集
アクション
予算アクションがありません
キャンセル
前へ
予算を作成
「予算を作成」ボタンをクリック

作成した予算が登録されたことを確認します。

図6-90　作成した予算が登録されたことを確認

予算 MonthlyBudget が正常に作成されました。予算の作成後は、すべての支出データが入力されるまでに最大 24 時間かかる場合があります。
フィードバックを送信
AWS 請求 > 予算 > 概要
概要 情報
予算 (1) 情報
CSV のダウンロード
アクション
予算を作成
予算を検索
すべての予算を表示
1
名前
しきい値
予算
使用済...
予測金額
現在 対
MonthlyBudget
OK
$10,000.00
$0.00

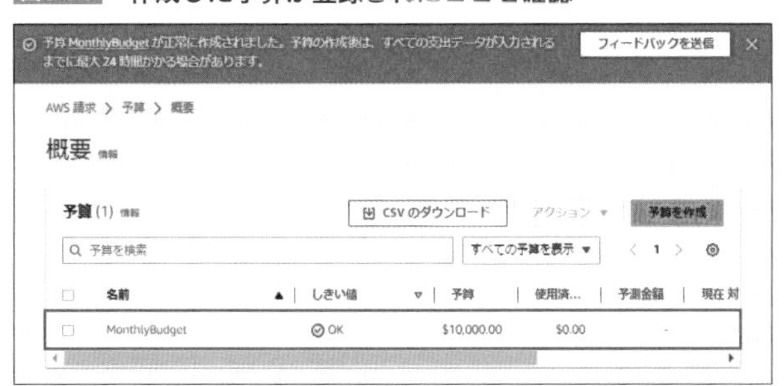

6.2.8 AWS Security Hubの有効化

続いて、AWS環境がセキュリティリスクを特定し、ベストプラクティスに沿っているかを可視化できるサービス、Security Hubのセットアップを行います。

監査用アカウントのアカウントIDを調べる

Security Hubの管理は**監査用アカウント**に委任を行いたいので、あらかじめ**監査用アカウントのアカウントID**を調べておきます。AWSマネジメントコンソール上部にある「サービス」タブを展開します。「管理とガバナンス」から「Control Tower」を選択します。

図6-91 「Control Tower」メニュー

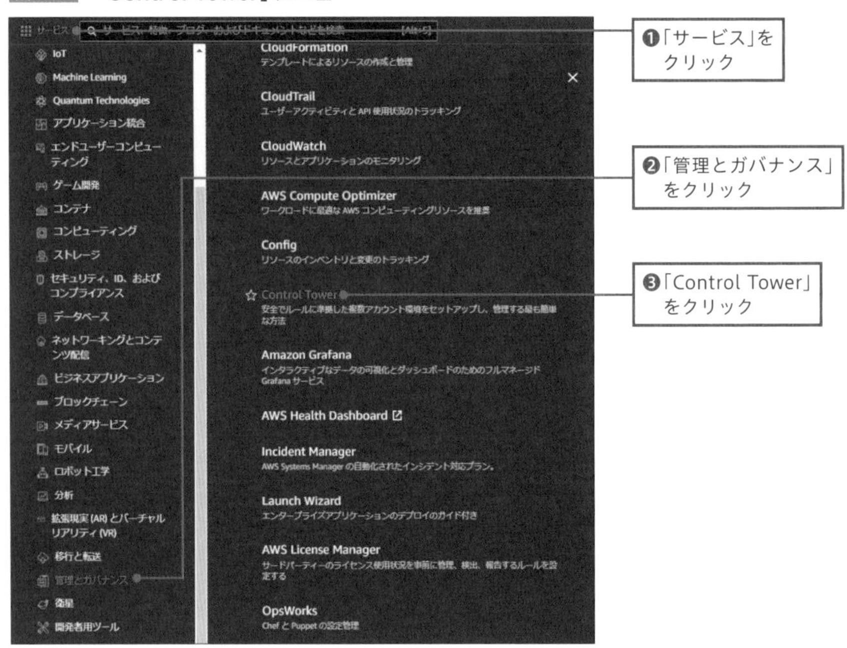

「共有アカウント」をクリックして展開し、「監査」をクリックします。「アカウントの監査」リンクをクリックします。

図6-92　監査アカウントのアカウントIDを調べる①

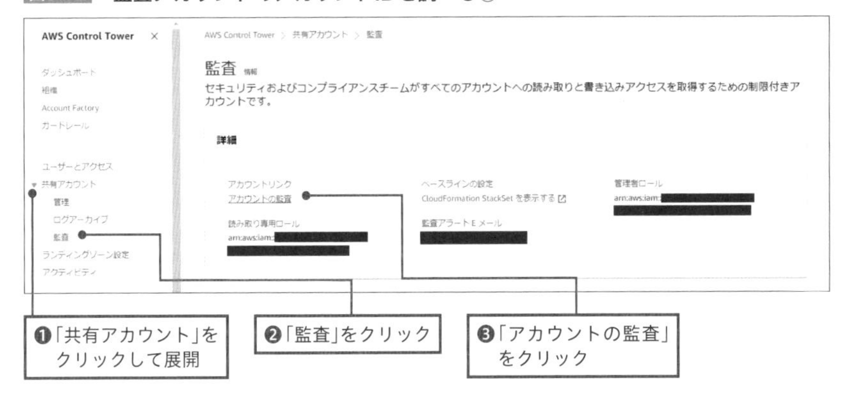

アカウントの詳細画面に遷移します。「アカウントID」の項目があるので、メモしておきます。

図6-93　監査用アカウントのアカウントIDを調べる②

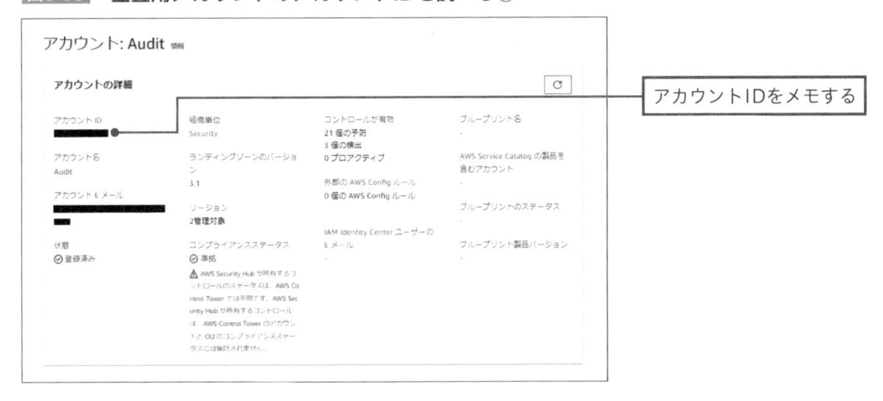

Security Hubの有効化

本題のSecurity Hubの有効化に進みましょう。AWSマネジメントコンソール上部にある「サービス」タブを展開します。「セキュリティ、ID、およびコンプライアンス」から「Security Hub」を選択します。

図6-94 「Security Hub」メニュー

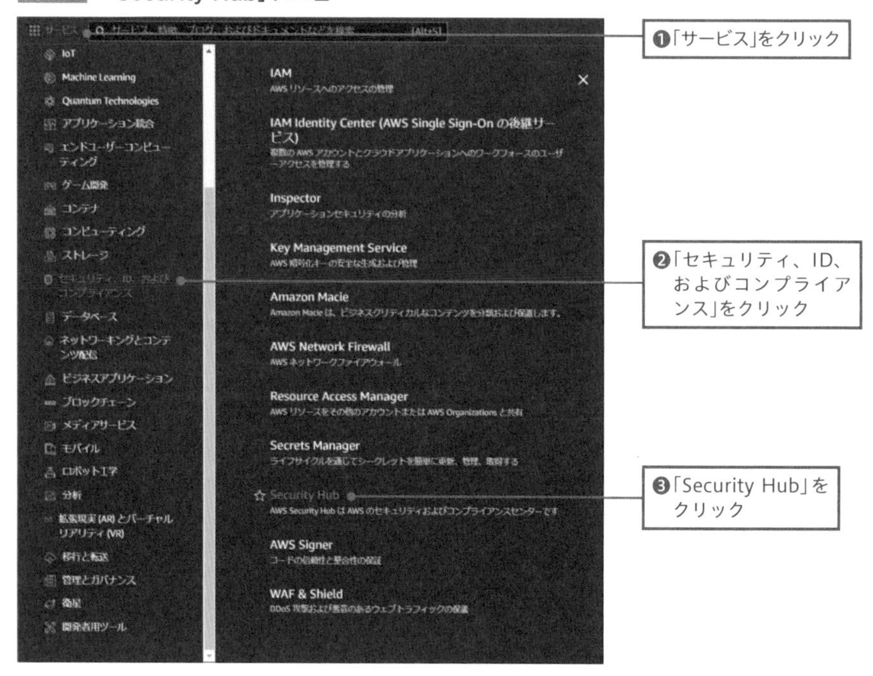

「Security Hubに移動」ボタンをクリックします。

図6-95 Security Hubの使用を開始

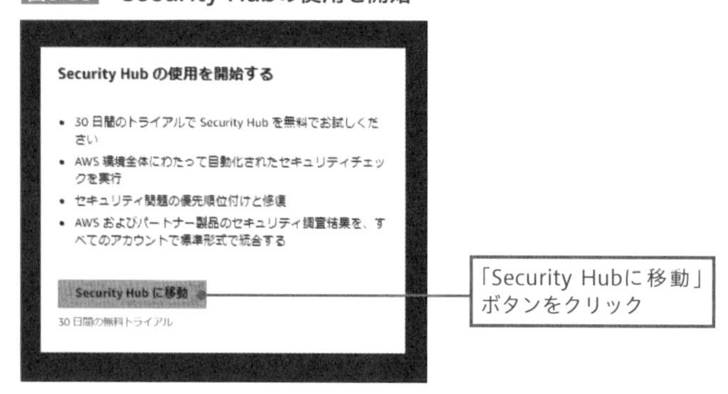

セキュリティチェックにて準拠するべき「セキュリティ基準」を、要件に合わせてチェックを入れます。「Security Hubの有効化」ボタンの下にある「委任された管理者アカウントID」欄に、先ほどメモしておいた監査用アカウントのアカウントIDを入力して、「委任」ボタンをクリックします。

図6-96 Security Hubの管理を委任

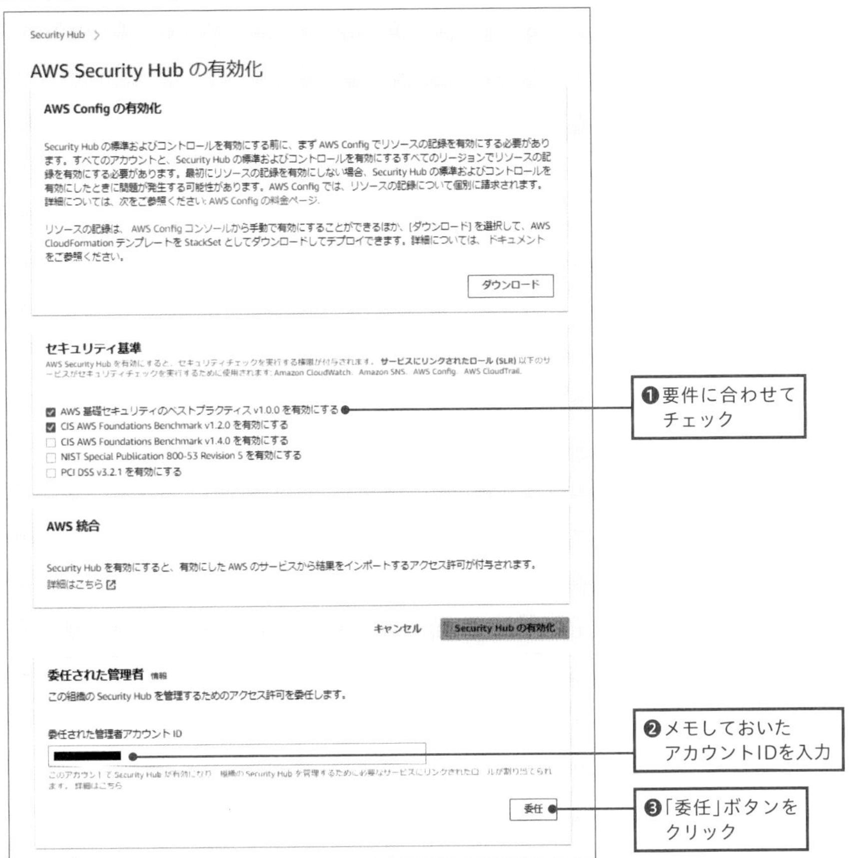

管理の委任が成功したことを確認し、「Security Hubの有効化」ボタンをクリックします。

図6-97　委任が成功したことを確認してSecurity Hubを有効化

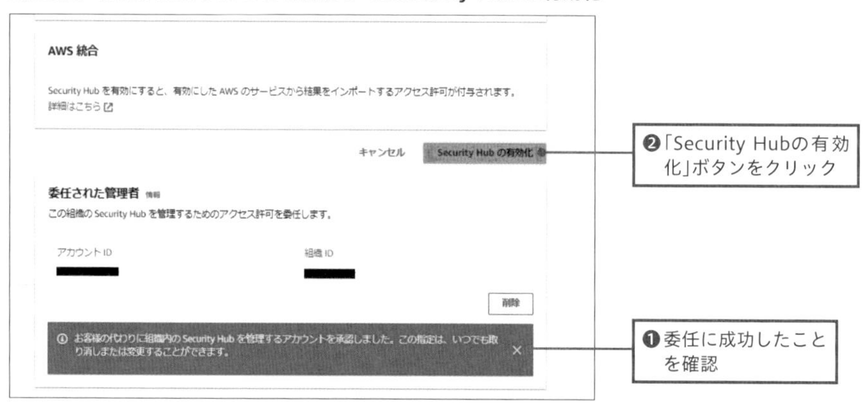

セキュリティスキャンに時間がかかりますが、これでSecurity Hubの有効化が完了です。

図6-98　セキュリティスキャンののちSecurity Hubの有効化が完了

6.2.9 Amazon GuardDutyの有効化

続いてGuardDutyを有効にしていきます。AWSマネジメントコンソール上部にある「サービス」タブを展開します。「セキュリティ、ID、およびコンプライアンス」から「GuardDuty」を選択します。

図6-99　「GuardDuty」メニュー

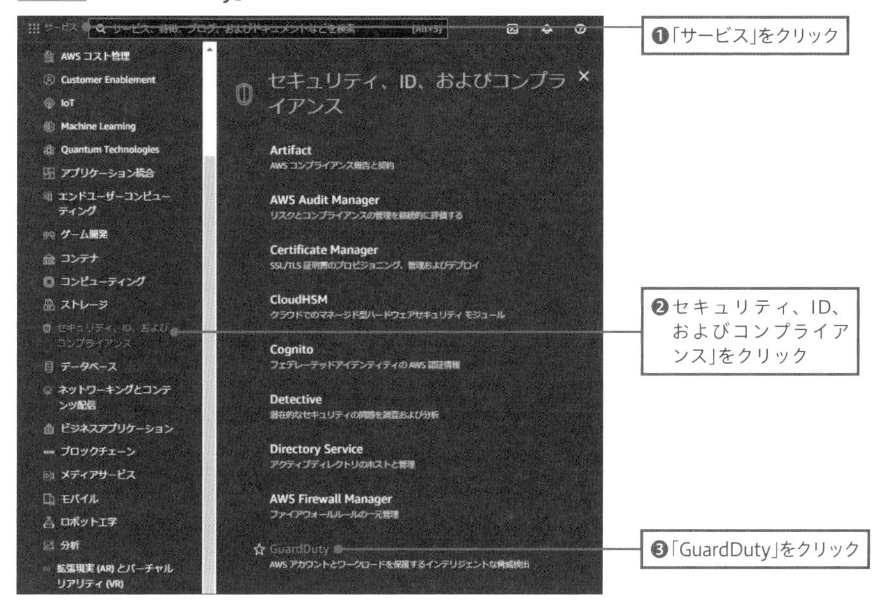

「今すぐ始める」ボタンをクリックします。

図6-100　GuardDutyの使用を開始

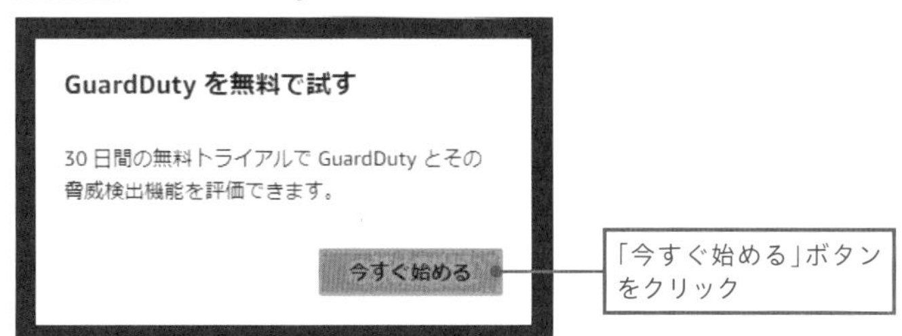

「GuardDubyを有効にする」ボタンの下にある「委任された管理者アカウントID」欄に、先ほどメモしておいた監査用アカウントのアカウントIDを入力して、「委任」ボタンをクリックします。

図6-101 GuardDutyの管理を委任

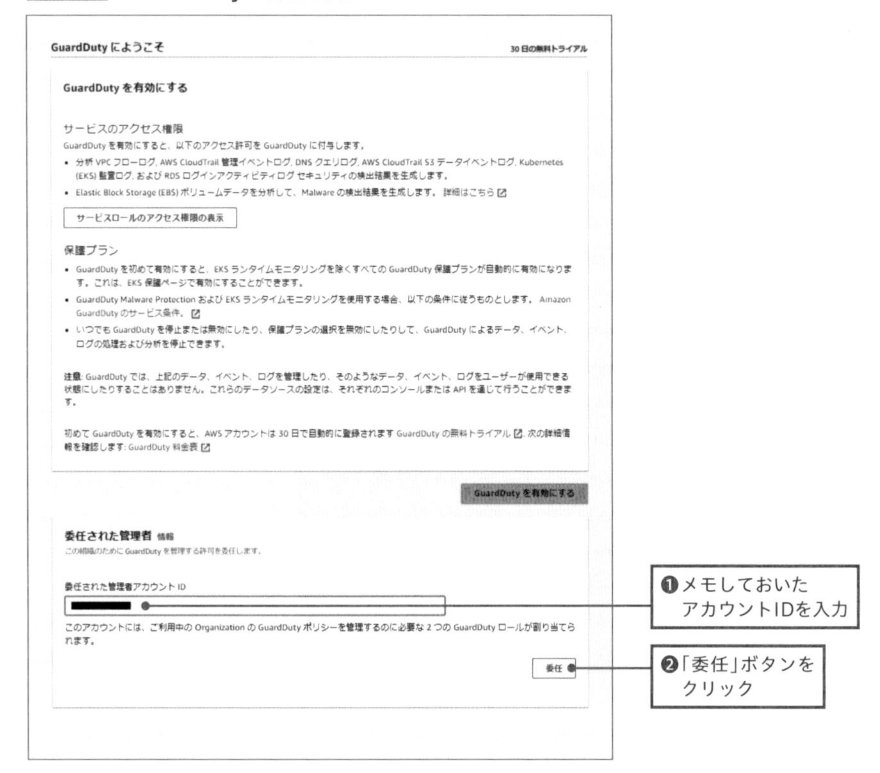

管理の委任が成功したことを確認し、「Permission」のトグルボタンをオンにします。「GuardDutyを有効にする」ボタンをクリックします。

図6-102　委任が成功したことを確認してGuardDutyを有効化

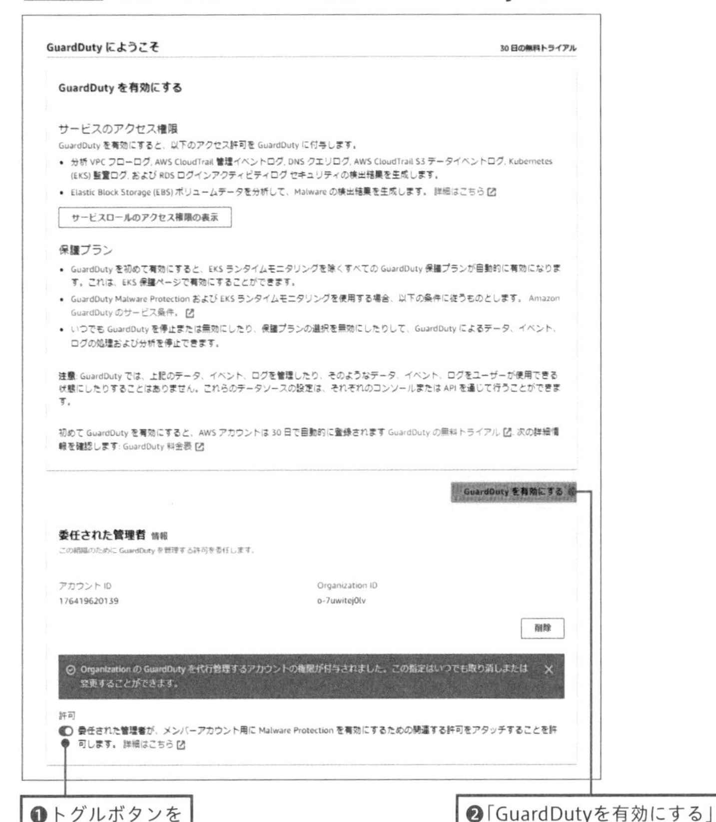

有効化が完了したら、セキュリティリスクの検出結果が表示されます。リスクが高いものがあれば、早急に対処しましょう。

図6-103 セキュリティリスクの検出結果

6.2.10 メンバーアカウントのSecurity HubとGuardDutyを有効化

最後に、Security HubとGuardDutyの管理権限を委任したAWSアカウントから、他のメンバーアカウントの管理を行います。そのためにはAWSアクセスポータルから**監査用のAWSアカウント**へログインする必要があります。切り替え方法はあらかじめ**監査用AWSアカウント**（今回のハンズオンではSecurity OU配下のAudit）に対象を変更して、6.2.4項「ユーザーの登録」中の「グループにAWSアカウントへの権限を割り当て」（p.205）の手順を実施しておきます。AWSアクセスポータルにて監査用AWSアカウントをクリックして展開し、「AWSAdministratorAccess」許可セットの「Management console」をクリックすれば、監査用AWSアカウントへログインが可能です。

AWSマネジメントコンソールにログインしてからの作業

AWSマネジメントコンソール上部にある「サービス」タブを展開します。「セキュリティ、ID、およびコンプライアンス」から「Security Hub」を選択します。Security Hubのダッシュボード画面の左ペインの「設定」をクリックします。右上にある「有効化」ボタンをクリックします。

図6-104 Security Hubのダッシュボード画面

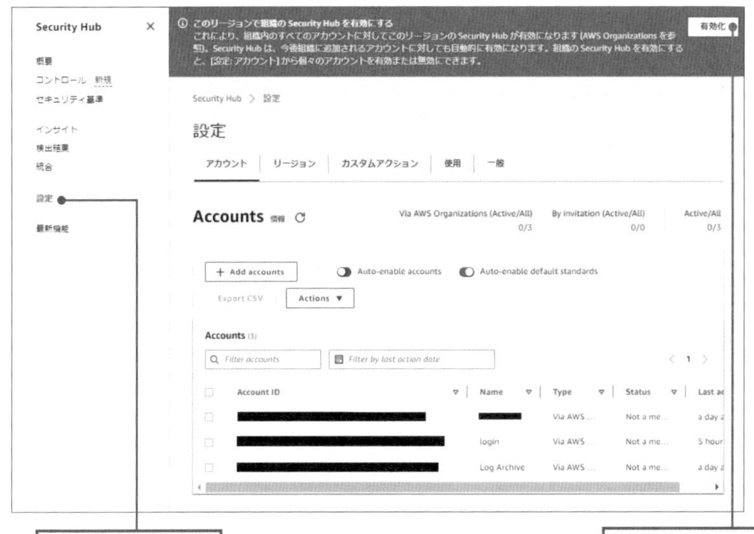

確認画面が出るので、「有効化」ボタンをクリックします。

図6-105 Security Hubを有効化

しばらく待つとAWS Organizationsに所属するメンバーアカウントのSecurity Hubの有効化が完了します。

図6-106　Security Hubの有効化が完了

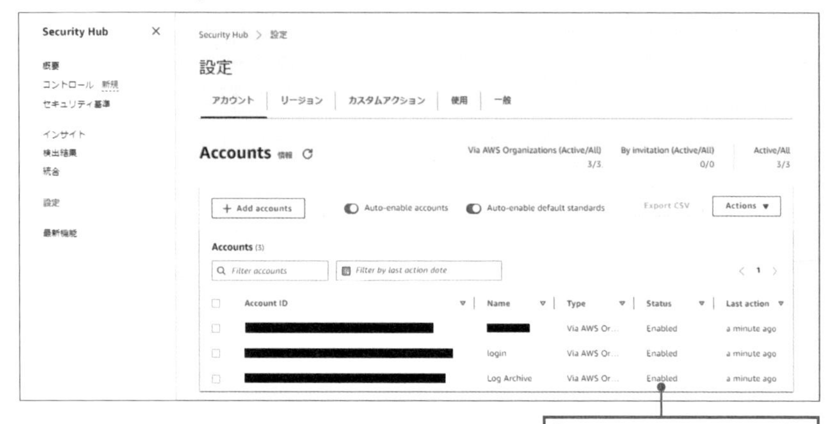

　同様にGuardDutyも、委任されたAWSアカウントから他のメンバーアカウントの設定を有効にしていきます。

　AWSマネジメントコンソール上部にある「サービス」タブを展開します。「セキュリティ、ID、およびコンプライアンス」から「GuardDuty」を選択します。GuardDutyのダッシュボード画面の左ペインから「アカウント」をクリックします。右上にある「有効にする」ボタンをクリックします。

図6-107　GuardDutyのダッシュボード画面

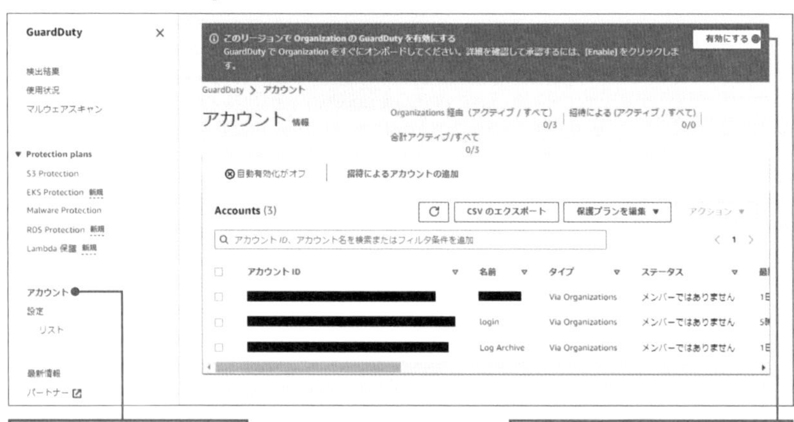

確認画面が出るので、「有効にする」ボタンをクリックします。

図6-108　GuardDutyを有効化

しばらく待つとAWS Organizationsに所属するメンバーアカウントのGuardDutyの有効化が完了します。これにて、GuardDutyのセットアップが完了しました。

図6-109　GuardDutyの有効化が完了

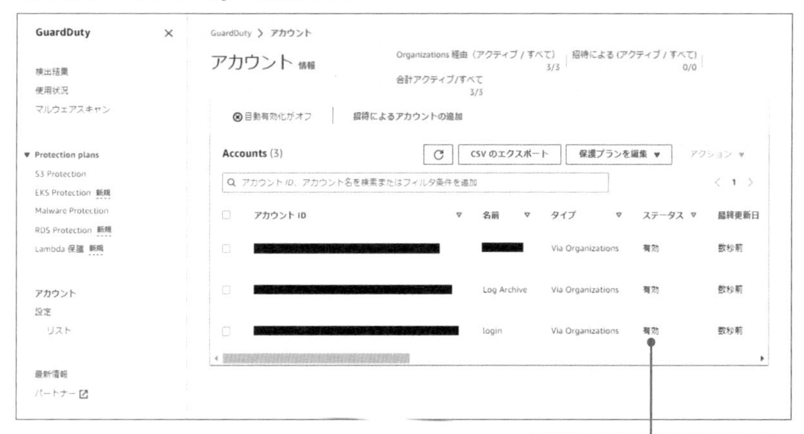

第7章

クラウドシステムを安定継続させる手法

本章では、クラウドで構築したシステムを安定的に継続させるために、オンプレミスで培った経験を継続利用できる部分とクラウド特有のノウハウを、それぞれお伝えしていきます。

7.1 クラウドとオンプレミスで共通する点

クラウドといっても、裏ではネットワーク機器やサーバーの物理筐体が存在しています。そのため、物理筐体の故障やリタイアに伴って、利用者が動かしている仮想マシンが停止することがあります。また、仮想マシンで言えば、OSやエンタープライズアプリケーションにはEOL(End Of Life、保守期限切れ)がありますので、EOL前に更改しなければならないのはクラウドであってもオンプレミスと同様です。本節では、クラウドとオンプレミスで共通する点を解説します。

7.1.1 物理筐体の故障

クラウドといっても内部では**物理筐体**が稼働しており、仮想化技術によって利用者は物理筐体を意識することなく仮想マシンや各種サービスを活用しています。そのため、**物理筐体のリタイアや故障の影響を受けることがまれにあります**。例えば、物理筐体の**リタイア**がAWSにて判断されたときにその筐体上で**仮想マシン(EC2インスタンス)**が起動していると、インスタンスを別筐体へ移動するために再起動するよう、事前に**アナウンスメール**が届きます(**図7-1**)。このメールを受領した場合には、指定された期限までにインスタンスを再起動できるようにシステムメンテナンスのスケジュールを調整して、サービスに影響が出ないように、もしくは最小化できるようにしましょう。**万が一、期日までにインスタンスを再起動できない場合は、期日後に強制的に停止されてしまいます**。

また、**EC2インスタンス**を動かしている物理筐体が**故障**する場合もあります。**EC2はデフォルトで自動復旧が有効**(7-1)になっていますが、**再起動によってデータや処理が欠損しないような仕組み**を実装しておく必要があります。具体的には、インスタンスの再起動で実施できなかった処理はリトライする仕組みを組んでおく、データはインスタンスそれぞれで個別に保有するのではなく共有ストレージサービスなどに保持させる、など**Design For Failure**の考え方に基づく実装です。Design for Failureという言葉は、耐障害性を考慮した設計・実装をすることで、オンプレミスでエンタープライズシステムを実装する場合と同様です。

図7-1　ハードウェアのリタイアに伴うEC2インスタンス再起動の要請メール

Hello,

EC2 has detected degradation of the underlying hardware hosting your Amazon EC2 instance (instance-ID:[illegible]) associated with your AWS account (AWS Account ID:[illegible]) in the ap-northeast-1 region. Due to this degradation your instance could already be unreachable. We will stop your instance after 2020-03-23.

You can find more information about maintenance events scheduled for your EC2 instances in the AWS Management Console (https://console.aws.amazon.com/ec2/v2/home?region=ap-northeast-1#Events)

* What will happen to my instance?
Your instance will be stopped after the specified retirement date. You can start it again at any time after it's stopped. Any data on local instance-store volumes will be lost when the instance is stopped or terminated.

If you have any questions or concerns, you can contact the AWS Support Team on the community forums and via AWS Premium Support at: (http://aws.amazon.com/support)

7-1　Amazon EC2でインスタンスの自動復旧がデフォルトで実行
https://aws.amazon.com/jp/about-aws/whats-new/2022/03/amazon-ec2-default-automatic-recovery/

7.2 クラウドならではの点

クラウドでは、新サービスや機能が追加されたり、仕様変更があったりと、**環境の変化**が起こりえます。これはメリットでもあり、デメリットでもあります。また、AWSの障害発生時の対応やAWSサポートの存在など、オンプレミスとは考え方が変わる部分があります。本節では、クラウドならではの点をお伝えします。

7.2.1 サービスの仕様変更

システムを運用していく中で発生するイベントで、**クラウドならではの点**を解説します。オンプレミスのシステムの場合、リリース後は構成変更やバージョンアップを極力行わない、いわゆる「**塩漬け**」となるシステムがあります。開発契約と保守契約ではスコープが異なるために、「腫物には触るな」というオペレーションになりがちです。しかし、クラウドではどうしても「塩漬け」にできない理由があります。それは、**AWSによるサービスの変更や終了**です。

AWSのサービス変更は、セキュリティ対策の向上や、古いランタイムが扱えなくなるなどの理由で行われます。例えば、マネージドサービスである**AWS Directory Service**では**Zerologon**という脆弱性に対応するためにサービスの仕様変更が行われました(**図7-2**)。また、AWSのS3やCloudFrontが利用するTLS証明書を発行する**認証局**が変更され、アプリケーションが継続的に利用できることを確認するように利用者へ通知されました(**図7-3**)。さらに、**AWS Lambda**ではさまざまな言語の、複数のバージョンを利用できますが、**各言語のサポートが終了したバージョンは同様にAWS Lambdaのサポートも終了します**(**図7-4**)。こういったサービスの変更に際しては十分に長い時間が設けられますので、仕様変更への対応やバージョンアップによる影響を調査・検証する時間は十分確保できます。

また、AWSのサービスは変更だけでなく、**追加**や**値下げ**されることもあります。例えば**Amazon Aurora Serverless**に新しいバージョンv2がリリースされたり(7-2)、**Amazon GuardDuty**にマルウェア対策機能が追加されたり(7-3)、**AWS Lambda**の価格体系が変更となり最大20%コスト削減が可能となったりしました(7-4)。こうしたAWSのサービスアップデートをキャッチアップし、AWS上ですでに動かしているシステムに適用することで、運用効率やコストの改善が見込めます。

図7-2 AWS Directory ServiceのZerologon脆弱性対応の通知

Hello,

Your AWS Directory Service for Microsoft Active Directory (AWS Managed Microsoft AD) instance has received Microsoft security patches to mitigate Microsoft's Netlogon Elevation of Privilege Vulnerability (a.k.a. "Zerologon") documented in CVE-2020-1472 [1] following part one of Microsoft's multi-phased release plan. We intend to follow part two of Microsoft's plan (currently scheduled for Q1 2021), and deploy configuration in AWS Managed Microsoft AD to enforce secure channel communications between clients and domain controllers. This will require action from you to ensure minimal disruption to your environment.

Affected Instance(s) :

図7-3 AWSサービスの利用する認証局の変更通知

Hello,

You are receiving this message because your account has been identified as having used Amazon Simple Storage Service (S3) and/or Amazon CloudFront within the past 6 months. This message is a reminder of the upcoming migration of both services'
default certificates to Amazon Trust Services, which will begin March 23, 2021. To prepare for this migration, we recommend that you confirm that your applications trust Amazon Trust Services as a Certificate Authority. If your client trust store does not trust the Certificate Authority, it will report the TLS certificate as "untrusted" and may close the connection.

図7-4 AWS Lambdaのランタイム終了通知

Hello,

We are contacting you as we have identified that your AWS Account currently has one or more Lambda functions using Node.js 12 runtime.

We are ending support for Node.js 12 in AWS Lambda. This follows Node.js 12 End-Of-Life (EOL) reached on April 30, 2022 [1].

As described in the Lambda runtime support policy [2], end of support for language runtimes in Lambda happens in two stages. Starting November 14, 2022, Lambda will no longer apply security patches and other updates to the Node.js 12 runtime used by Lambda functions, and functions using Node.js 12 will no longer be eligible for technical support. In addition, you will no longer be able to create new Lambda functions using the Node.js 12 runtime. Starting December 14, 2022, you will no longer be able to update existing functions using the Node.js 12 runtime.

7-2 **Amazon Aurora Serverless v2の一般提供を開始**
https://aws.amazon.com/jp/about-aws/whats-new/2022/04/amazon-aurora-serverless-v2/

7-3 **Amazon GuardDutyがマルウェア対策機能を追加**
https://aws.amazon.com/jp/about-aws/whats-new/2022/07/malware-protection-feature-amazon-guardduty/

7-4 **AWS Lambdaが段階的な価格設定を発表**
https://aws.amazon.com/jp/about-aws/whats-new/2022/08/aws-lambda-tiered-pricing/

7.2.2 障害対応 ～インシデントが発生したらどうするか

本項では、**AWS側に障害が発生した場合にどう対応するのか**を見ていきましょう。

物理筐体の障害

EC2インスタンスをホストしている物理筐体に故障・異常が発生してEC2サービスの提供ができなくなった場合、当該の物理筐体の上で稼働していたEC2インスタンスは**停止**します。EC2インスタンスはデフォルトでAuto Recoveryが有効になっているので、正常な物理筐体で再起動されます。その場合、AWS Health Dashboardに**Auto Recoveryされたことが記録されます**(図7-5)。また、EC2インスタンスの**システムステータスチェック**で失敗となるので、Amazon CloudWatch**アラーム**で通知させることができます。

インスタンスが自動で再起動した後は、アプリケーションが中断された処理をリトライする仕組みがあったり、データをインスタンス個別に管理しないようになっていれば、利用者側で行うことはほとんどないでしょう。もし、アプリケーションが自動的にリトライする仕組みがなかったりインスタンス個別でデータを持つようになっている場合には、障害発生時に実施していた処理結果が正しく記録されなかったり、**復旧したインスタンスと稼働中だった他のアプリケーションと**

図7-5 EC2インスタンスのAuto Recoveryが起こった際のAWS Health Dashboard画面

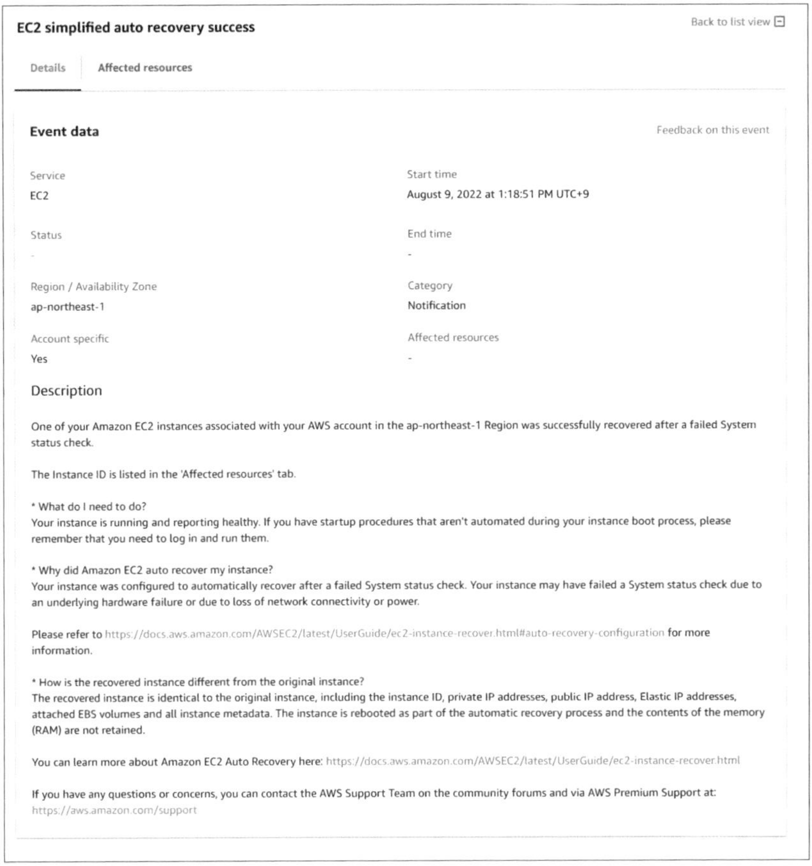

EC2 simplified auto recovery success

Back to list view

Details | Affected resources

Event data

Feedback on this event

Service
EC2

Start time
August 9, 2022 at 1:18:51 PM UTC+9

Status
-

End time
-

Region / Availability Zone
ap-northeast-1

Category
Notification

Account specific
Yes

Affected resources
-

Description

One of your Amazon EC2 instances associated with your AWS account in the ap-northeast-1 Region was successfully recovered after a failed System status check.

The Instance ID is listed in the 'Affected resources' tab.

* What do I need to do?
Your instance is running and reporting healthy. If you have startup procedures that aren't automated during your instance boot process, please remember that you need to log in and run them.

* Why did Amazon EC2 auto recover my instance?
Your instance was configured to automatically recover after a failed System status check. Your instance may have failed a System status check due to an underlying hardware failure or due to loss of network connectivity or power.

Please refer to https://docs.aws.amazon.com/AWSEC2/latest/UserGuide/ec2-instance-recover.html#auto-recovery-configuration for more information.

* How is the recovered instance different from the original instance?
The recovered instance is identical to the original instance, including the instance ID, private IP addresses, public IP address, Elastic IP addresses, attached EBS volumes and all instance metadata. The instance is rebooted as part of the automatic recovery process and the contents of the memory (RAM) are not retained.

You can learn more about Amazon EC2 Auto Recovery here: https://docs.aws.amazon.com/AWSEC2/latest/UserGuide/ec2-instance-recover.html

If you have any questions or concerns, you can contact the AWS Support Team on the community forums and via AWS Premium Support at: https://aws.amazon.com/support

の不整合が生じる可能性があります(**図7-6**)。その場合は、一時的にトラフィックを受け付けないようにするなどしたうえで、障害発生時に実行していた処理を手動で再実行するなど、アプリケーションが正常に動作できる状態を整えてからトラフィックを受け付けるようにするといったオペレーションが必要です。

図7-6　インスタンスが自動で再起動した後のアプリケーションの挙動の違い

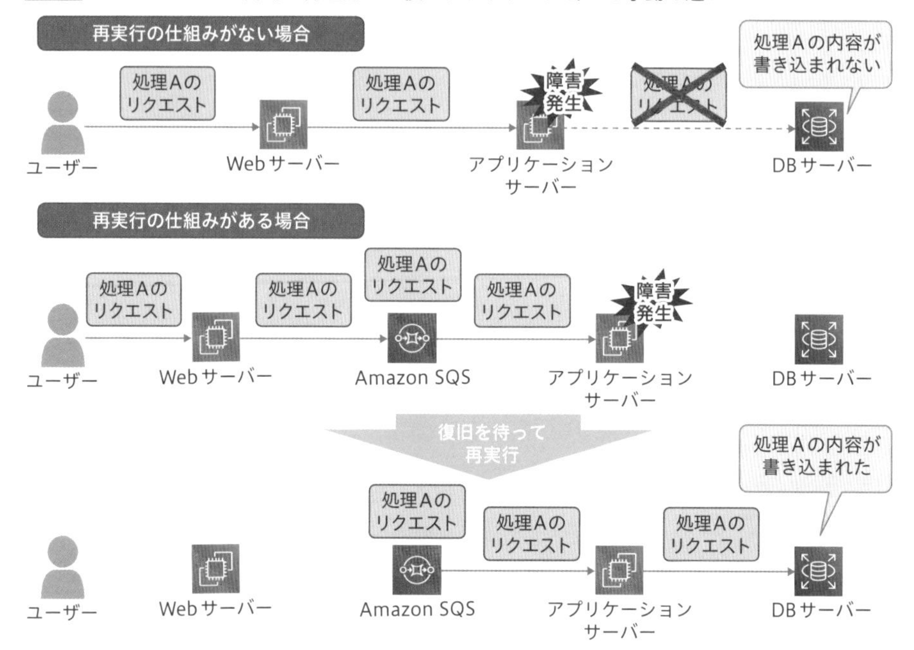

リージョンの障害

先の例は物理筐体1つの障害なので、障害の影響範囲は限定的でした。AWSの**東京リージョンの障害**としては過去に、アベイラビリティゾーン規模でAmazon EC2が障害を受けた事例(7-5)や、AWSとデータセンター間を専用線で接続するサービスであるAWS Direct Connectに障害が発生した事例(7-6)があります。いずれもアベイラビリティゾーン単位で冗長化していたり、専用線を複数用意していたりしたことで**障害の影響を受けることなくAWS上でシステムを稼働し続けることができた**ようです。

AWSの障害は、いつ起こるかわかりません。大切なことはDesign for Failureに従って**障害が起こっても稼働を継続できるようなアーキテクティング**を行うこと、万が一障害が起こっても**短い時間で復旧できるような仕組み**を作っておくこと、**定期的に運用訓練を実施**して障害発生時にも円滑なオペレーションができるように日々備えておくことです。

7-5 東京リージョン（AP-NORTHEAST-1）で発生したAmazon EC2とAmazon EBSの事象概要
https://aws.amazon.com/jp/message/56489/

7-6 東京リージョン（AP-NORTHEAST-1）で発生したAWS Direct Connectの事象についてのサマリー
https://aws.amazon.com/jp/message/17908/

7.2.3 コストモニタリングの重要性

AWSに限らず、パブリッククラウドは**従量課金**であるため、使った分だけ請求されます。そのため、**当初想定していた予算を上回っていないかどうかを定期的に棚卸しする**ことは、PMにとって極めて重要な業務となります。AWSのコスト管理に関連するサービスとして、**AWS Budgets**と**AWS Cost Explorer**があります。

AWS Budgets

AWS Budgetsはその名のとおり、あらかじめ**予算額から算出したしきい値**（例えば予算額の90％をしきい値とする）を登録しておくことで、**予算を超過しそうになった際にアラートを発出できるサービス**です（**図7-7**）。アラートを発出するタイミングは**当月に利用した実コスト**がしきい値を超えた場合や、**当月の利用コストから予測した月末コスト**がしきい値を超えた場合などが設定できます。

図7-7 AWS Budgetsでのしきい値の設定画面

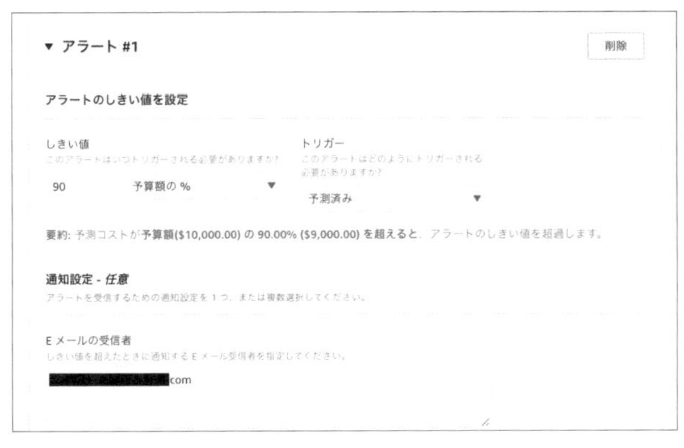

図7-8は実際のAWS Budgetsからの通知例です。予算を1,000ドルに設定し、予測コストが700ドルを超えた段階でAWS Budgetsと連携しておいたAWS Chatbot経由でSlackに通知が届くように設定しています。この図の例では、予測コストが737.36ドルとなりしきい値の700ドルを超えたためSlackに通知が届きました。

図7-8 AWS Budgetsからのコスト超過の通知例

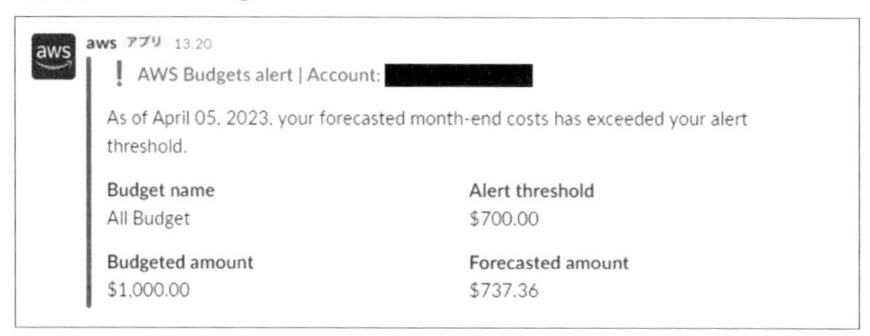

AWS Cost Explorer

一方、AWS Cost Explorerは**AWSの各サービスでいくら使ったのかを可視化するサービス**です。どのサービスにいくら使ったのかを最短日ごとに確認することが可能で、マルチアカウント構成の場合はどのAWSアカウントで利用したかも確認が可能です（**図7-9**）。

図7-9 AWS Cost Explorerの画面例

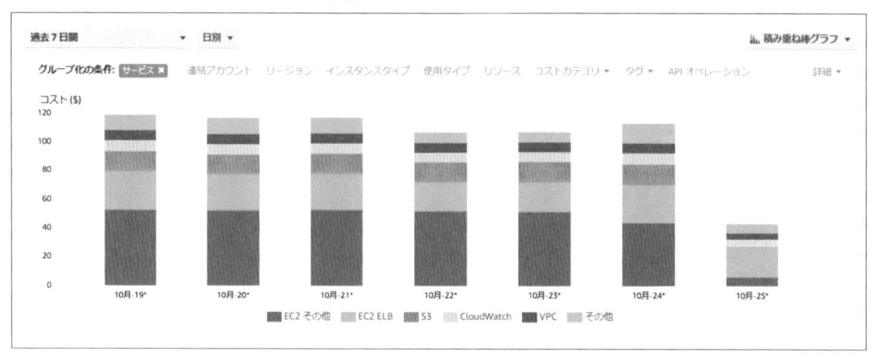

AWS Budgetsはあらかじめ決めたしきい値に達したら通知が届きますが、**ど**

のサービスにいくら使ったのかの内訳は通知されないので、Cost Explorerで確認する必要があります。一方、**Cost Explorer**はサービス単位でのコストを確認できるものの、**通知機能がありません**。定期的にコスト状況を棚卸しするために、AWS Lambdaを使ってAWS Budgetsからは**予測コスト**を、Cost Explorerからは**各サービスの利用料**を取得して、通知させる仕組みを実装しておくと便利です(**図7-10**)。特に開発期間中は、運用体制が未熟ゆえにインスタンスの停止忘れなどで思いがけず利用料が高くなるケースがありますので、**毎日通知をさせて確認する**とよいでしょう。そして、システムをリリースして安定してきたら、通知頻度を減らしましょう。

図7-10 AWS Lambdaを利用したコスト通知botの実装

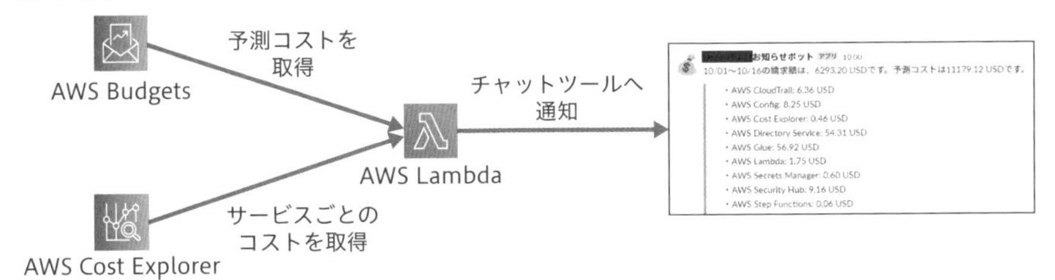

7.2.4 AWSサポートの活用

AWSでシステムを構築・運用していると、AWSの細かな仕様の確認やトラブルシューティングが必要になります。そういった場合に**AWSサポート**が有効になっていれば、**AWSのサポートエンジニアに問い合わせを行うことができます**。AWSサポートには5つのサポートプランが用意されていて、支援内容が異なります(**表7-1**)。

表7-1 AWSサポートプランの比較[*1]

	ベーシック(デフォルト)	デベロッパー	ビジネス	エンタープライズ On-Ramp	エンタープライズ
AWS Trusted Advisor	サービスクォータとベーシックなセキュリティ	サービスクォータとベーシックなセキュリティ	フルセット	フルセット	フルセット
支払いサポート	○	○	○	○	○
技術サポート	×	営業時間内[*2]でのクラウドサポートアソシエーツへのWebでの問い合わせ	クラウドサポートエンジニアへの年中無休の電話、Webでの問い合わせ、チャット利用	クラウドサポートエンジニアへの年中無休の電話、Webでの問い合わせ、チャット利用	クラウドサポートエンジニアへの年中無休の電話、Webでの問い合わせ、チャット利用
ケースの重要度と応答時間	×	・一般的なガイダンス：24時間以内 ・システム障害：12時間以内	・一般的なガイダンス：24時間以内 ・システム障害：12時間以内 ・本番システムのダウン：1時間以内 ・本番システムの障害：4時間以内	・一般的なガイダンス：24時間以内 ・システム障害：12時間以内 ・本番システムの障害：4時間以内 ・本番システムのダウン：1時間以内 ・ビジネスクリティカルなシステムのダウン：30分以内	・一般的なガイダンス：24時間以内 ・システム障害：12時間以内 ・一般的なガイダンス：24時間以内 ・システム障害：12時間以内 ・本番システムの障害：4時間以内 ・本番システムのダウン：1時間以内 ・ビジネス/ミッションクリティカルなシステムのダウン：15分以内
サードパーティー製ソフトウェアのサポート	×	×	相互運用性、設定のガイダンス、トラブルシューティング	相互運用性、設定のガイダンス、トラブルシューティング	相互運用性、設定のガイダンス、トラブルシューティング
月額料金(最低額)	無料	$29～	$100～	$5,500～	$15,000～

＊1 https://aws.amazon.com/jp/premiumsupport/plans/より抜粋、改変
＊2 日本語サポートを平日の月曜日～金曜日、日本時間の午前9時～午後6時まで提供

AWS Trusted Advisorは、利用中のAWSアカウントの各種設定やコストが**ベストプラクティスに従っているか**を判断して、**推奨事項から逸脱しているリソース**を提示してくれます。例えば、CPU使用率が高くない状態のインスタンスはインスタンスサイズの変更を提案するといったパフォーマンスチェックや、アク

セスキーの漏洩を検知するなどのセキュリティチェックが行われます(7-7)。AWSサポートプランが**ベーシック**と**デベロッパー**の場合は最低限のセキュリティチェックとサービスクォータのチェックのみですが、**ビジネスプラン**以上であればすべてのチェックを受けることが可能です。

受けることのできる**サポート**は、**ベーシックプランでは支払いや契約に関する問い合わせのみ**ですが、**デベロッパー以上であれば技術に関する問い合わせが可能**となります。特に**ビジネスプラン以上であれば問い合わせ相手がクラウドサポートエンジニアになるほか、電話やチャットも利用可能**になります。

また、AWSサポートのレベルを選択するにあたって重要な項目のひとつが「**ケースの重要度と応答時間**」です。ビジネスへの影響度に合わせて、問い合わせ時に**ケースの重要度**を設定します。**応答時間**は、問い合わせを実施してからAWSサポートから何かしらの応答が届くまでの目標時間です。**ビジネス上重要なシステムをAWSで実行しているのであれば、エンタープライズプランを選択しておき、万が一の際に支援が得られるようにしておくこと**をお勧めします。また、AWSサポートがビジネスプラン以上であれば、AWSサービス以外のサードパーティー製品に関しても問い合わせが可能です。その中には一般的なOSやWebサーバー、DBソフトウェアが含まれています(7-8)。

7-7 AWS Trusted Advisor check reference
https://docs.aws.amazon.com/awssupport/latest/user/trusted-advisor-check-reference.html

7-8 AWS Supportに関するよくある質問
https://aws.amazon.com/jp/premiumsupport/faqs/

AWSサポート選択時の注意点

AWSサポートを選択するうえで注意点があります。AWSサポートは**AWSアカウント単位**での設定となりますので、マルチアカウントアーキテクチャを採用している場合、**それぞれのAWSアカウントでプランレベルを変更できます**。例えば、本番用アカウントはビジネスプラン、開発用アカウントは無料のベーシックプランといったことも可能です。しかし、問い合わせは各AWSアカウントから実施することになりますので、ベーシックプランにした開発用アカウントから技術に関する問い合わせを発出することはできません(**図7-11**)。また、本番用アカウントから開発用アカウントに関する問い合わせを行うといった**クロスアカウントサポートは基本的に実施できません**。AWSアカウントを越境するような問い合わせはセキュリティとプライバシー上の懸念があるため、クロスアカウントサポートは提供されないとされています。(7-9)。なお、クロスアカウントサポートを受ける例外として、**エンタープライズプランを適用している場合にはAWSサポートのテクニカルアカウントマネージャーに相談できる場合があります**。エンタープライズプランを利用しない場合には、開発用のAWSアカウントでもデベロッパー以上、筆者の意見としては**ビジネスプラン**にしておくことをお勧めします。理由は、ビジネスプラン以上あれば技術の問い合わせにクラウドサポートエンジニアがつくようになる点、サードパーティー製品までサポートされる点、Trusted Advisorのすべてのチェック項目が有効になる点があります。とはいえ有償ですので、システム予算や開発体制などと天秤にかけて選択してください。

図7-11　サポートレベルが異なるマルチアカウント下でのAWSサポート起票の可否

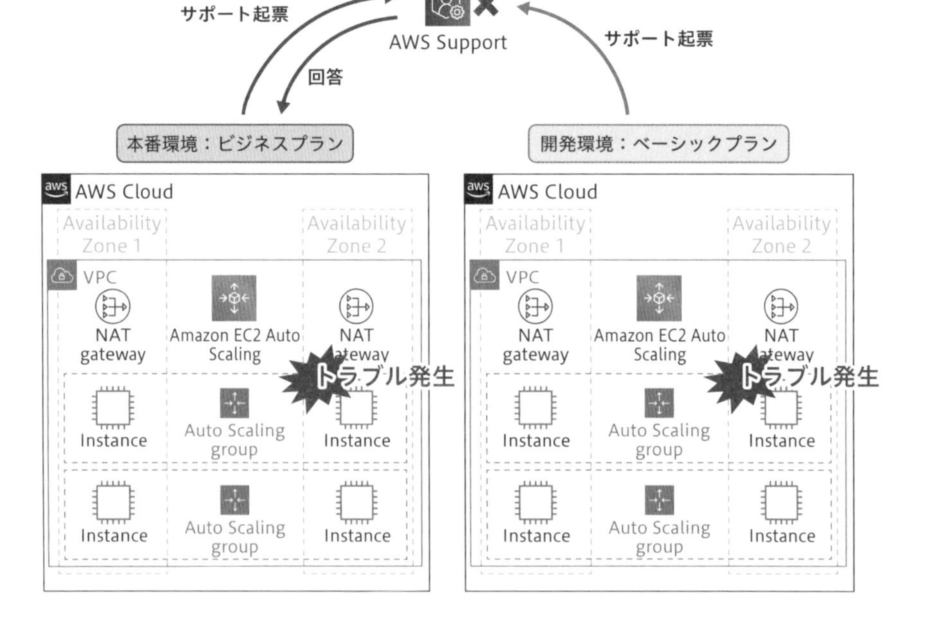

7-9　AWS Supportに関するよくある質問
https://aws.amazon.com/jp/premiumsupport/faqs/

AWSサポートの活用方法

最後に、**AWSサポートの活用方法**を簡単にご紹介します。AWSサポートへ問い合わせを送る際にはAWSサービスの種類を選択しますが、**実際に問い合わせを行いたいサービス名を選択しましょう**。サポートケースを起票する際には、情報は簡潔にまとめます。具体的には、以下のような内容を記載します。

- 対象のサービスのARN名もしくはインスタンスIDなど、障害箇所を一意に特定できる情報
- 発生時刻(JST、UTCなど時間帯も併記すること)
- 直前に実行した操作内容(どういう操作やコマンド実行をしたのか)
- 発生しているエラーメッセージやログ、画面キャプチャの添付
- 参照しているドキュメントなど
- 実現したいこと、あるべき姿(ALBでhttps通信を行いたいが証明書を付与してもhttps化できない、インスタンスID●●を起動したいがエラーメッセージが出て起動できない、など)を簡潔に書く

必要な情報が十分でないと、AWSサポートの中で調査する範囲が大きくなるために、回答を受領できるまでに時間がかかってしまいます。トラブル発生時には焦ってしまいがちですが、簡潔に情報を連携できるように普段から意識しましょう。

またサポートケースの起票方法には**電話**、**チャット**、**Web**の3パターンがありますが、**筆者はWebをお勧めします**。理由は、上記の情報を電話やチャットで簡潔に伝えることは難しいことと、文字として書くことで自分の頭の中で状況が整理されて問い合わせ前に自力で解決できる場合もあるからです。一方、電話やチャットで問い合わせを行う場合もあります。具体的には、**緊急度が高く、トラブルシューティングに必要な情報収集方法に見当がつかない場合などは、AWSサ**

ポートと電話やチャットをつなぎながらリアルタイムで情報収集の指示をもらってAWSサポートへ連携する場合もあります。より詳細なAWSサポートへの**問い合わせ時の注意事項**や**問い合わせの例**をAWSが提示していますので、事前に熟読しておきましょう(7-10)。

最後に、無事にAWSサポートによって課題が解決したら、サポートケースはクローズにしたうえで、サポート対応の評価を行いましょう。こうしたフィードバックを送ることでAWSサポートの改善活動の一助になります。

7-10 技術的なお問い合わせに関するガイドライン
https://aws.amazon.com/jp/premiumsupport/tech-support-guidelines/

第8章

クラウドシステムを正しく評価する観点

システムをクラウドへ移行もしくは新規構築したら、システムの導入によって当初の目的が達成できているのか投資対効果を評価する必要があります。本章ではクラウドシステムの評価の観点を解説します。

8.1 コストの観点

システムを開発・運用していくうえで必ず通る関門として、**システムの予算確保**があります。クラウドにすれば安くなる、というワードをよく耳にされると思います。本節では、クラウドにするとなぜ安くなるのかをインフラコストだけでなく、人的コスト、時間的コストの観点で確認していきます。

8.1.1 インフラコストの観点

システムをクラウドへ移行する際の目的として「**ITコストの削減**」をよく聞きますが、**単純にサーバーのランニングコストだけでオンプレミスとクラウドを比較すると、クラウドのほうが高くなります**。理由は、クラウドの仮想サーバーの費用にはデータセンターの利用料、電気代、耐震ラック代、保守費などが含まれているためです。

AWSのデータセンターは第三者認証を受けた**セキュリティ対策**や**運用体制**が用意されており、データセンター自体や電源、各種ハードウェアが**冗長化**されていることに加え、**予備機**が確保されている点も、費用を考慮する際には重要です(8-1)。EC2などに設定できるセキュリティグループやディスクの暗号化など、**AWSが提供している仮想マシンの動作環境を自前で準備するには多額の費用と人員を要します**。クラウドの費用をオンプレミスと比較する際には、これらのサービスや機能が含まれていることも考慮に含めるとよいでしょう。

また、システムの作り方によってもインフラコストの考え方が変わります。例えば、同じサイズのコンピューティングリソース(CPU数やメモリサイズ)を**EC2**で用意するか**コンテナ**で用意するかでは、コンテナのほうが単純なランニングコストはかかります。一般的に、EC2は**OSの稼働に必要なリソースも必要**なのに対して、コンテナは**実行するアプリケーションに必要なリソースのみを用意すればよい**

点が異なります。また、コンテナの動作環境をマネージドサービスである**AWS Fargate**にすれば、単純なコア数あたりの利用料は増加しますが、OSのメンテナンスなどの運用コストをかける必要がなくなります。同様に、マネージドサービスを活用する場合のほうが仮想マシン上に構築する場合と比較してランニングコストは増えますが、OSレイヤのパッチ適用などの運用の手間から解放され、オートスケールできるなどの機能が得られますので、コストの観点で比較する際には同様の運用や機能実装のコストを勘定に入れて評価する必要があります。

ITコスト、特にサーバーなどの稼働に必要なコストをオンプレミスとクラウドとで比較する場面が多々あるかと思いますが、以上のように、**クラウドのサーバー稼働料にはデータセンターの費用やハードウェアの保守などが含まれていること**を勘定に加えたうえで評価しなければなりません。

8-1 AWSコンプライアンスプログラム
https://aws.amazon.com/jp/compliance/programs/

8.1.2 人的コストの観点

ハードウェアの保守運用

これまで何度も言及してきたとおり、クラウドにシステムを構築することのメリットとして、**ハードウェアの保守などをクラウドベンダーに任せられる点**があります。オンプレミスのシステムであれば、ハードウェアの保守運用のために担当要員を割り当てて、万一の際に即応できるように待機させておく必要があります。他にも、ハードウェアベンダーとのコミュニケーションやEOL管理なども行わなければなりません。ハードウェアのEOLが近づいてきたら、機器の入れ替えに向けてベンダーから見積もりを取得したり、社内稟議や上位者への説明資料を作成したりと、管理や更改準備に**多額の人的コスト**が発生します。クラウドを活用すれば、ハードウェアの保守運用はクラウドベンダーの責任で実施されますし、費用は利用したクラウドサービス費に含まれています。今までハードウェアの保守運用に割り当てていた要員が不要になるだけでなく、その要員がビジネスを担うようになれば収益の拡大につなげられます。

システムの保守運用

クラウドを活用するメリットとして、**システムの運用を支えるサービスが充実している点**があります。システムリリース直後は利用しない想定だったとしても、後からサービスを追加することも容易に可能です。オンプレミスの場合は、運用を効率化するための機能を追加したくてもサーバーなどのリソースが足りない、サーバーを追加しようにもラックに空きがないなど、**リリース後に仕様変更が難しいこと**が多いです。クラウドであれば、リソースの制限を気にすることなく、設計時には想定していなかった運用業務に対応できる**サービスの導入**や、システムを運用していて定型化された**作業の自動化**が行えます。

保守運用業務のサービスを活用したり、自動化したりすることで、運用の人的負荷を下げられるだけでなく、誰でも運用が可能となったり、オペレーションのミスをなくしたりできます。

●筆者の場合

筆者は、運用の自動化の究極の目標は、**すべての保守運用業務が自動的に実施されて、人が介在しない「ゼロ人運用」**であると考えています。その実現に向けて、AWSの**Amazon CloudWatch**や**AWS Systems Manager**、**AWS Lambda**、**AWS Step Functions**などを組み合わせて運用業務の効率化・自動化を進めています。

筆者のチームでは、運用を自動化するにあたって、**図8-1**のように優先度を整理して実装を進めることにしています。図の1番は説明せずともおわかりいただけるかと思いますが、**実施頻度が高いもの**を自動化すれば、それだけ運用工数を削減できますので、最優先で実施しています。2番と3番は**実施頻度が低い**ので効果が薄いのでは、とお考えの方もいらっしゃるかと思います。これについては、筆者は運用体制が属人的になることを避けたいと考えており、**実施頻度の低い運用業務はチーム内への手順展開が困難となる可能性があります**。そのため、実施頻度が低い業務でも自動化を行うことで、誰でも運用業務ができるようにしています。脱属人化に加えて、自動化の実装にかかるコスト、オペレーションミスをした際に生じる業務影響規模を観点に評価して、優先度を付けて実装しています。

図8-1 自動化実装の優先度の例

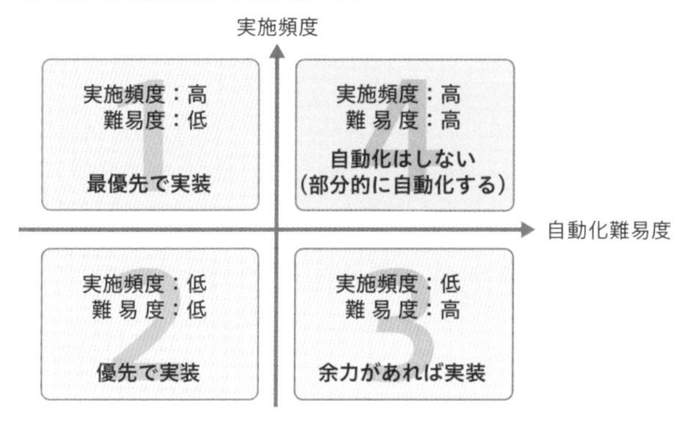

8.1.3 時間的コストの観点

クラウド活用のメリットとして、**調達時間がほとんどかからない点**があります。システム構築に必要なハードウェアの調達にかかる時間が、クラウドではゼロになります。さらには、必要なハードウェアの台数調査や、各ハードウェアベンダーの製品比較作業、格納するラックの調達にかかる時間、納品時の対応などにかかる時間や人的コストがなくなります。**こうしたインフラにかける時間の短縮は、アプリケーション提供までにかかる時間を短縮し、ビジネスの展開速度を加速させることにつながります**。

「クラウド活用でコスト削減を実現したい」という目的を実現できたか否かを評価するには、単純なランニングコストの比較だけではなく、運用の自動化などによる人的コストの削減、ITリソースの調達とその事前準備に要する時間の短縮など、費用だけではない評価の観点が必要です。人的コスト、時間的コストの削減効果は測定が難しいかもしれませんが、人手や時間が確保できることで新たな開発や業務へリソースを割けるようになることを鑑みて、クラウド利用を評価しなければなりません。

8.2 セキュリティの観点

AWSを利用するにあたって必須の考え方として、**責任共有モデル**があります。これはAWSと利用者が役割分担してセキュリティ対策をしていくという考え方です。さらに利用者の責任分担の領域でも、AWSが提供しているサービスを組み合わせることで一定レベルの対策をとることができます。

AWSを活用するメリットとして、**セキュリティ対策の一部をAWSに任せられる点**があります。責任共有モデルでは、サービス運用されているデータセンターの物理的なセキュリティから仮想化レイヤまでをAWSが管理運用します。利用者は、OSレイヤのセキュリティパッチ適用や、アプリケーションおよびAWSの各種サービスの利用設定と管理に対して適切に運用する責任を持ちます(8-2)。言い換えれば、データセンターやハードウェアなどのセキュリティ対策はAWSが責任を持って実施してくれるので、利用者は安心してアプリケーション開発などに専念することが可能です。AWSは監査を受けたうえで各種コンプライアンス認証などを取得しているので、**AWS上に実装するシステムをコンプライアンスに準拠させるためには、AWSのサービス設定を適切に行って、コンプライアンスに準拠したアプリケーション開発を行えばよい**、ということになります(8-3)。

8-2 責任共有モデル
https://aws.amazon.com/jp/compliance/shared-responsibility-model/

8-3 AWSコンプライアンスプログラム
https://aws.amazon.com/jp/compliance/programs/

セキュリティ面でのメリットとしては、**セキュリティ関連サービス**が充実している点も挙げられます(8-4)。セキュリティ対策に十分な人的リソースが割り

当てられない場合でも、AWSのセキュリティサービスを組み合わせて利用することで、システムを安全な状態に保つことが可能です。オンプレミスでAWSのセキュリティサービスと同等のセキュリティ対策を行うには、アプライアンス製品を選択して購入し、セキュリティ対策を行いたいリソースに対しても追加で設定を行う必要があります。

セキュリティ関連サービスには、**AWS WAF**のようにマネージドルールが提供されていて適用するだけで対策がとれるものや、**AWS Security Hub**のようにAWSのセキュリティ対策のベストプラクティスに沿っているか自動的にチェックできるものなどがあります。種類が多いため、どれを使ったらよいか悩むかと思いますが、カテゴリ別に大別されているので、まずはどのカテゴリの対策をしたいのかを確認したうえで、各サービスの概要から選択していくとよいでしょう。

> 8-4 **AWSのセキュリティ、アイデンティティ、コンプライアンス**
> https://aws.amazon.com/jp/products/security/
>
> 

セキュリティ対策はいくら行っていたとしても、新たな**脆弱性**が生じてしまうものです。脆弱性が見つかり次第、対応パッチなどが適用できればよいのですが、アプリケーションへの影響の調査に時間がかかる、メンテナンスウィンドウが設けられないなど、即時での適用が困難なケースもあります。脆弱性の影響規模にもよりますが、過去に公開されたLog4j2の脆弱性についてはAWSからAWSサービスを組み合わせることでリスクを軽減する方法が提供されました(8-5)。こうした対応策がAWSから必ず提供されるわけではありませんが、出てきた際には自分たちで回避策を調査・実装するよりもリスク軽減が容易になります。

> 8-5 **Log4j脆弱性に対するAWSセキュリティサービスを利用した保護、検知、対応**
> https://aws.amazon.com/jp/blogs/news/using-aws-security-services-to-protect-against-detect-and-respond-to-the-log4j-vulnerability/
>
> 

8.3 オペレーションの観点

システムは構築したら完了ではなく、適切な管理・運用がなされていく必要があります。AWSにおいてもインシデント発生時に行う定型対応業務を自動化できるといった、クラウドならではのシステムの管理運用を容易にするサービスが多数提供されています。

2019年にリリースされた**ITIL4**(**IT Infrastructure Library**)では、ITを利用する組織が行うべき業務として34個のプラクティスが定義されました。これらのプラクティスは**「サービスマネジメントプラクティス」「一般的マネジメントプラクティス」「技術的マネジメントプラクティス」**の3つに大別されています。特にサービスマネジメントプラクティスには「**可用性管理**」や「**キャパシティおよびパフォーマンス管理**」「**問題管理**」「**リリース管理**」といったシステムの運用業務に関する17のプラクティスが集まっています。

クラウド上のシステムももれなくITILに従って設計、運用を行うべきですが、ITILに準拠するために揃えるべきツールやリソースを満たすことは容易ではありません。AWSには**AWS Systems Manager**をはじめとする**システム運用向けのサービス**が用意されています。どのEC2インスタンスに何のミドルウェアがどのバージョンで入っているかといった構成情報を一覧化できたり、インシデントの発生を管理し対応を自動化できたりと、運用業務をサポートする機能が揃っています。オンプレミスの運用業務で利用していたツールからは変更が必要となるため**学習コスト**が生じますが、**運用基盤そのものの運用コストが不要になること**と天秤にかけると、クラウドが提供するサービスを活用するほうがメリットが大きいと言えます。

8.4 ビジネスと組織の観点

クラウドでシステムを構築することで、調達時間を短縮できる、運用をAWSへ任せられるなどビジネス上のメリットがあることは今まで繰り返しお伝えしました。しかし、システムを構築したものの期待どおりに利用されなかったとき、オンプレミスとクラウドでどういう違いが起こるでしょうか。本節ではビジネスや組織の観点で、クラウドを使うことによるメリットをまとめてお伝えします。

8.4.1 ビジネスの観点

すでに8.1.2項「人的コストの観点」や8.1.3項「時間的コストの観点」でも論じていますが、システム基盤をクラウドへ移行することで**ITリソースの調達とその事前準備に要する人的・時間的なコストが削減できる、運用の自動化などにより人的コストが削減できる**、など大きな成果が期待できます。また、お金に換算することが難しいですが、削減できた人的リソースを開発業務に割り当てることでビジネス拡大につなげられる、運用業務が標準化されることで組織内の新陳代謝が活発化されるなど、クラウドを活用することによる副次的効果を受けることが可能です。

物理的にリソースを持たなくなることもクラウドの強みです。オンプレミスではビジネスの成長に合わせてリソースを拡張することは困難ですし、増やせたとしても調達には時間がかかります。さらに**ビジネスにおいては撤退する場合もあります**。物理サーバーの廃棄コストや除却損が生じますし、リソースの除却が完了するまでに人員も時間も要します。クラウドであれば必要となったタイミングでリソースを増減させることが可能ですし、撤退することになった際に除却することも容易です。こうした**ビジネス撤退のリスク**を含めてクラウド活用を評価することはあまり行われませんが、**新サービスの開始時などシステムの利用期間が不透明な場合には評価軸として組み込むとよいでしょう**。

8.4.2 組織の観点

若手や未経験のエンジニアを育成したい、内製化を進めたいといった場合に最もネックとなるのが**教育コスト**です。AWSを導入することのメリットとして、**教育コンテンツやマニュアル、Web上に多様な実装事例などがあふれている点**があります。公式サイトにも**ドキュメント**（8-6）や**独習できるワークショップ**（8-7）などがAWSサービスごとに揃っているため、それらを使ってAWSサービスに習熟することが可能です。

公式ドキュメント以外にも、検索サイトで「AWS」というキーワードに加えて実装したいワードなどを入力して検索すれば、さまざまなブログ記事などを見つけることができます。こうした情報を参考に実際に手を動かして経験値を積むことでスキルを獲得できます（**ただし、個人ブログなどの内容を鵜呑みにして本番環境の実装に利用することは危険です。利用時には公式ドキュメントで確認するなどしてください**）。

育成した若手エンジニアがベテランエンジニアの業務を実施できれば、ベテランエンジニアは新規開発や難易度の高い開発に注力できます。組織として育成計画を定めて、**若手や未経験エンジニアを何人育成できたか**、若手エンジニアが前線に立てるようになったことで**ベテランエンジニアの工数にどれだけ余裕が生じたか**、などを評価するとよいでしょう。

8-6 AWS Documentation
https://docs.aws.amazon.com/

8-7 AWS Workshops
https://workshops.aws/

第9章

クラウドのメリットを生かした開発事例

この章では、筆者が要件定義から運用までを実施しているクラウド開発事例を2つ紹介します。それぞれクラウドのメリットを生かして、高可用性と最低限の投資でのDR対策を実現した事例、スモールスタートゆえに必要最低限の非機能要件に絞って開発した事例です。

9.1 インターネット公開Webサイトのホスティング

クラウドシステムの開発事例の1つとして、インターネットに公開するWebサイトをAWSにホスティングした事例を紹介します。エンタープライズCMS製品を活用することで業務要件を解決しつつ、クラウドのメリットであるランニングコストの削減や、DR対策へのコスト最小化、運用の自動化などの取り込みを行っています。

9.1.1 システム概要

筆者が実際に担当したWebサイトのホスティング事例を紹介します。複数の言語で公開する必要があるWebサイトであったため、各国向けの記事の管理やサイトのテンプレート化などの機能があるエンタープライズCMS製品を採用することで**機能要件**を実現しています。CMS製品のライセンス規約や仕様に準拠する必要があったため、**CMSおよびデータベースはEC2上に導入**することにしました。

可用性要件はWebサイトゆえに可能な限り無停止とする必要がありますが、RTO/RPOは数時間を許容いただけました。また、DR対策として東京リージョンに障害が生じた場合にもWebサイトを継続する要件がありますが、DR対策にかけるコストは最小限に抑えたいというご要望もあります。

アーキテクチャ上の要件として、本番環境の他に、アプリケーション開発用の環境、エンドユーザー様がアプリケーションの動作確認などを行うための検証用の環境を用意する必要がありました。

9.1.2 クラウドのメリットを活用している点

この事例で**クラウドのメリットを活用している点**をリストアップすると、下記になります。

マルチAZによる可用性確保

Webサイトゆえに高い可用性要件があったため、**Webサーバー、DBサーバーはそれぞれマルチAZにてEC2インスタンスを展開**しています。CMSへのリクエスト振り分けには**ALB**を利用しています。前提条件にあるように、データベースはEC2を使う必要があったため、DBソフトウェアの機能を利用してアクティブ・スタンバイ構成にして可用性を確保しています。CMS、データベースともに片系のEC2インスタンスに障害が生じたとしても、自動的に正常なEC2インスタンスにリクエストが振り分けられます(**図9-1**)。

図9-1 可用性を確保したシステムの構成図

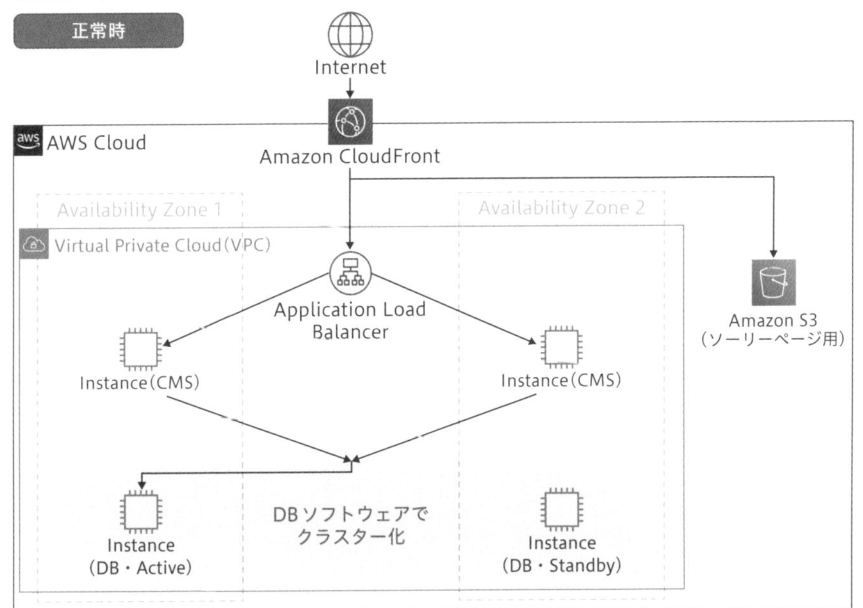

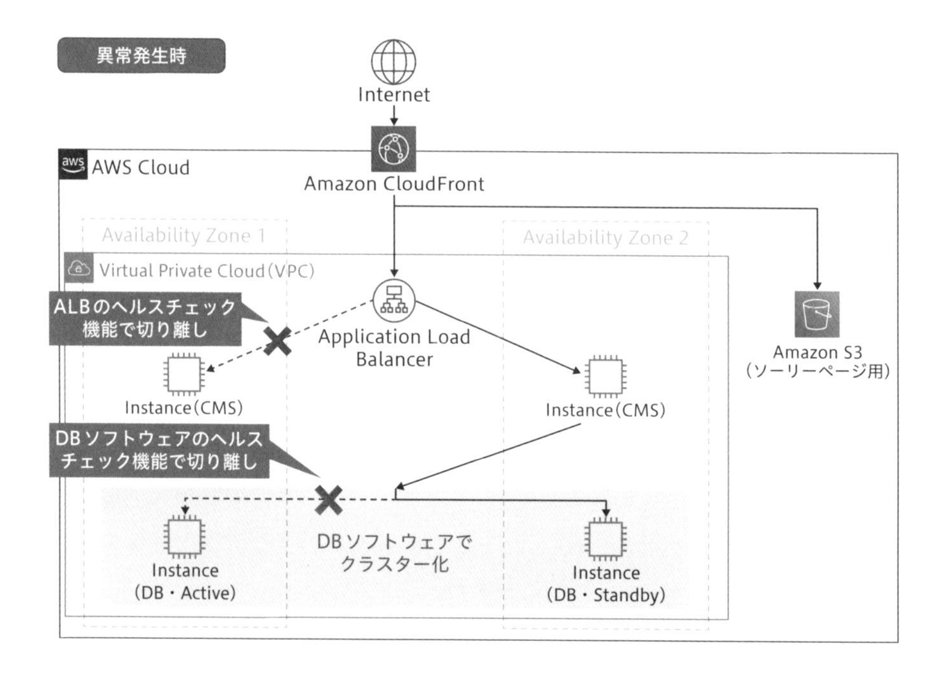

障害対応の自動化

システムリリース前に、障害発生に備えた手順の整備は行っていましたが、実際に運用していると想定外の事象が起こったり、頻度が予定より高かったりと予見どおりにいかないものです。そのため、**実運用を行って障害対応手順の最適化を行ってから、初動対応の自動化を行いました**(図9-2)。具体的には、障害発生と定義したイベントが発生したら、サイトのトップページの画像取得、名前解決の結果の取得、各種メトリクスの取得などを自動的に実施し、チャットツールに通知させるようにしています。どのメトリクスで異常が見られるか、ソーリーページに切り替えられているかなどを一目で確認でき、運用チーム内で対応策をチャットツール上でディスカッションできます。

図9-2 障害検知後の初動対応の自動化

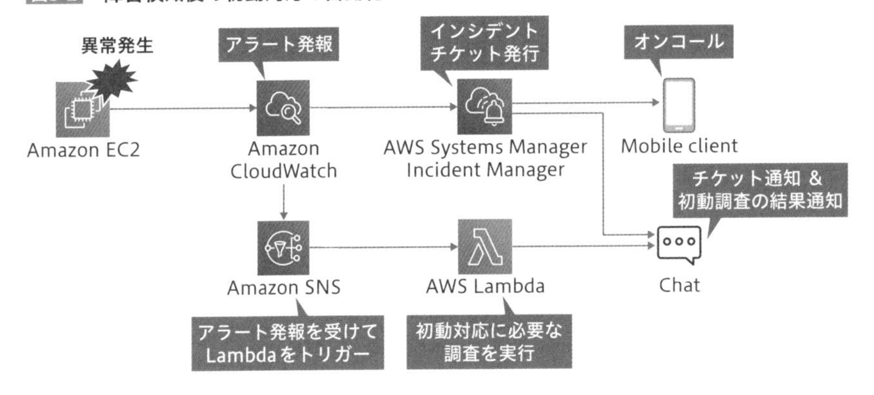

システムの拡大・縮小

システム構築時には一定のリクエスト数を想定して性能確保やディスクサイズなどを準備していましたが、**Webコンテンツが充実していくとディスクサイズや性能要件が変化していきました**。そのため、定期的に棚卸しを行って、最適なインスタンスサイズやディスクサイズへの拡張、EBSボリュームのタイプ変更などを行っています。結果として、性能を確保しつつ、全体的なコストを**リリース当初と比較して20%削減**できました。

コスト最小化したDR対策

DR要件はダウンタイムを許容できるうえに、DR用のコストを最小限にしたいという要件であったため、**Backup & Restore方式**を採用しました。DRリージョンは大阪リージョンではなく、米国のリージョンを選択しています。理由は、当時大阪リージョンが正式にリージョンとして提供される前であったこと、大阪リージョンは東京リージョンに比べて機能提供が遅れることが多いため機能差分による影響を避けたかったことがあります。また、東京リージョンと物理的に距離が近いシンガポールリージョンも候補に考えましたが、東京リージョンで障害が生じた際に**他の東京リージョン利用者も同様にシンガポールへDRしたとすると、シンガポールリージョンのリソースが不足してシステムを起動できなくなるリスク**を考えて米国のリージョンを選択しました。外部公開情報からなるWebサイトゆえに、海外にデータを持ち出すことにハードルが低かったことも米国リージョンを選択できた要因のひとつです。本書執筆時点(2023年5月)では大阪リージョンにも機能が充実してきていますので、大阪リージョンをDR先にできると考えています。

DRリージョンへは**AWS Backup**を利用したAMIイメージのバックアップのほか、DBソフトウェアを利用して生成したバックアップファイルをS3上にバックアップしています。DR発動時には**AWS CloudFormation**にてAMIイメージなどからリストアすることで、短時間でDR環境を構築可能となっています。費用もバックアップイメージとデータベースバックアップファイルの費用だけで済みます。この方式を導入することで、RTO、RPOの非機能要件を十分に満たすことができたうえ、DR発動時の作業を誰でもミスなく実施できるようになりました。

マルチアカウントアーキテクチャによる環境分離

アプリケーションの開発環境とエンドユーザー様向けの検証環境は、それぞれ異なるAWSアカウント上に用意しました。AWSアカウントを分けることで、セキュリティ境界面を設けています。マルチアカウントアーキテクチャのメリットは4.1.2項「AWSアカウントの管理」や5.2.1項「マルチアカウントアーキテクチャ」を参照してください。**環境を分割してあるので、セキュリティレベルの異なる情報の取り扱いや稼働時間のチューニングが容易です**。また、開発環境にてパッチ適用や新アプリケーションの動作確認を行ったうえで、本番環境などへ展開することができています。

9.2 社内システムとしてのデータ分析基盤

もう1つのAWS上のシステム構築事例を紹介します。データ分析基盤ではありますが、特定の利用者のみが使う用途で、スモールスタートでの開発でした。小規模システムの場合はコストがぶれやすいため、予算確保時のコスト見積もりの精緻化と実際に生じているコスト管理を行うことで、予算に対して数パーセントの誤差で稼働させることができています。

9.2.1 システム概要

2例目は**センサーデータを分析する社内システム**です。センサーデータの取得は、専用デバイスから発信されて、データベースへ格納されます。社内の試験場にて動作試験をした際にセンサーデータがローカルデバイス上に生成されるので、本システムにアップロードして分析を行います。社内システムですが、利用者は特定の部門のみで、本格展開は未定です。予算も限定的ゆえに**最小限の構成**であることが求められました。ダウンタイムについても寛容で、クラウド側のシステムに障害が起こって停止してしまうことを許容されていました。

9.2.2 クラウドのメリットを活用している点

必要時にのみ稼働させることでのコストカット

センサーデータを取得した際にのみ利用するシステムであるため、**非稼働時は停止しておくことでコンピューティングリソースの費用を抑えることが可能**です。なお、ストレージ利用料やNATゲートウェイ、各種セキュリティサービスなど、**配置するだけで費用が生じるもの**がありますので、システムをまったく利用しない月でもAWS利用料は完全に0円とはなりません(**図9-3**)。予算取得をお考えの場合には計上漏れがないようにご注意ください。

また、稼働時の利用の場合には、予算計算が難しくなります。理由は、**予算取得の時点ではどの程度の頻度でシステムを利用するかの予見が難しいこと**が挙げられます。予算取得時に可能な限り利用予定計画を立てることは大切ですが、7.2.3項「コストモニタリングの重要性」でも記載したように、**システムとして利用した後の予実管理のほうが重要**です。月次など定期的にコストの予実管理を行って、翌月何時間システムを稼働させるかを決めるようにワークフロー化しておきましょう。この事例では、予算の精緻化と定期的な予実管理によって、稟議で確保した予算に対して数パーセントの誤差でシステムを稼働できています。為替レートの変動幅を考えると、非常に良い精度でコスト管理できていると考えています。

図9-3 システム利用時間とAWS利用料の推移イメージ

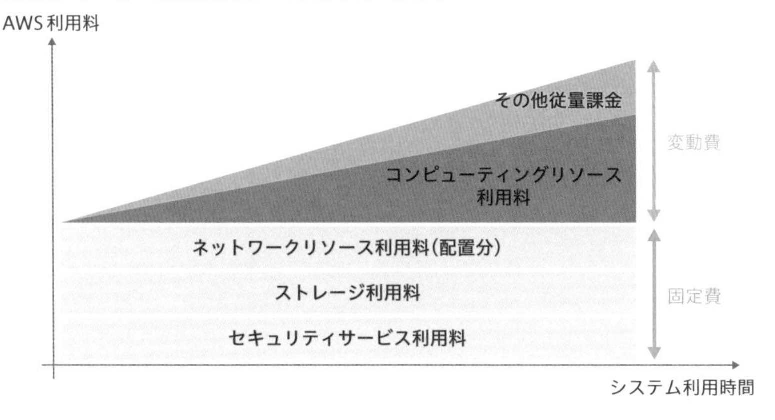

最小構成によるスモールスタート

利用者が限定された社内システムであり、かつ本システムを本格的に展開するか検討段階であるため、Webサーバー、演算用サーバー、DBサーバーなどは冗長化せずにシングル構成としました。とはいえ**VPCやサブネットは十分なCIDRを確保して冗長構成に変更できるようにしており**、追加投資の判断が出た際に受け入れられるようにしています。**性能要件**は、費用を天秤にかけて、実施したい処理を最低限行える程度にとどめています。システムの利用方法によっては時間がかかってしまうケースもあることを利用者様に理解いただいて、例外的にスケールアップが必要な処理を行いたい場合にはインスタンスサイズを大きくする運用を行っています。

運用業務の自動化

システム構成がシンプルで小規模ゆえに、保守運用作業のフローが単純で済んだこともあって、自動化を推進することができています。パッチ適用からの正常性確認、インスタンスの起動停止、パフォーマンス管理に必要なメトリクス情報の収集など、**定常業務はほぼ自動化**してあります。基本的な構成は**AWS Systems Manager**や**AWS Lambda**で個々のタスクを実装し、**AWS Step Functions**でフロー化しています。**AWS Amazon EventBridge**でStep Functionsを実施するタイミングを指定することで、必要時に運用業務が実施される段取りです(**図9-4**)。

図9-4 インスタンス起動時のワークフローの例

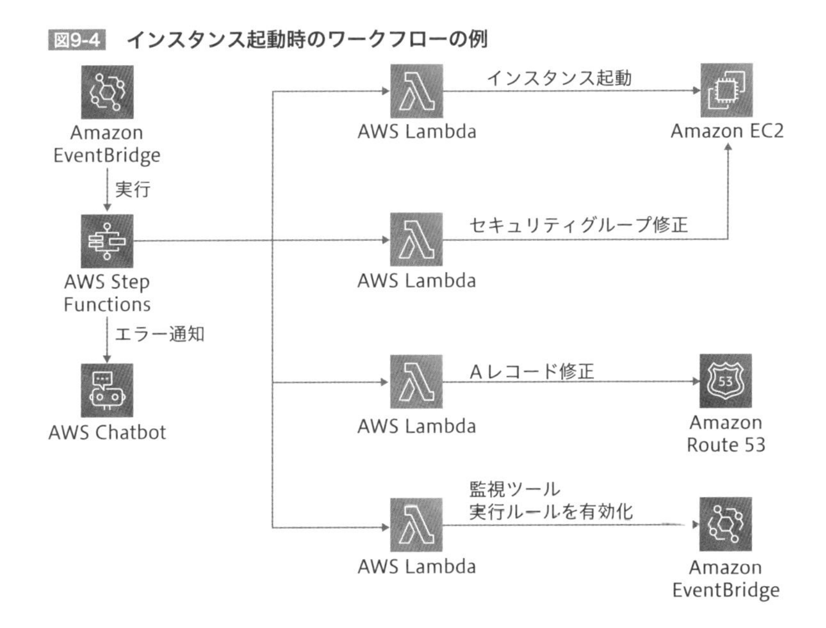

9.3 公開事例 株式会社ヴァル研究所様

ここからは、AWSの公開事例から2つ紹介します。1つ目はWebサービスの事例で、トラフィックが不明瞭で、かつ突発的なアクセスがあることがわかっているため、従来のオンプレミスの考え方では限界が迫っていました。そこでクラウドのメリットを最大限に生かしてビジネス成長につなげることができた事例です。

9-1　**AWS導入事例：株式会社ヴァル研究所**
https://aws.amazon.com/jp/solutions/case-studies/val/

9.3.1 システム概要

電車やバスなど公共交通機関の乗り換え案内ソフト「**駅すぱあと**」を提供しているヴァル研究所様のシステムの特徴として、**台風などの自然災害時や事故発生時に利用者が急増すること**が予想されていました。また、本業であるサービス開発の時間が基盤運用に取られることは避けるために、**運用自動化**がポイントとしてありました。

9.3.2 クラウドのメリットを活用している点

フレキシブルなリソース確保

ロードバランサーとAuto Scalingの組み合わせによって、**急激なアクセス数の上昇に対して即座にコンピューティングリソースを追加できる仕組み**を導入されています。また、キャンペーンなど短期的にリソースが必要なケースでも、クラウドならば即座に別環境を用意することが簡単にできますので、オンプレミスと比較して**調達コストの最適化**も図られていると考えられます。

調達速度の短縮と外部サービスとの連携

クラウドのメリットとして、リソースの調達に時間がかからない点があります。オンプレミスであれば新サービスを企画してから実際に開発に至るまでに、必要なサーバーなどのリソース調達に時間がかかりますが、クラウドでは一瞬です。これは、**新サービスの開発に即座に取り組むことができること**を意味しています。

またクラウドはGitHubなど外部サービスとの連携が容易という点があります。開発や運用効率を上げるサービスとクラウド基盤を連携させることで、本業であるサービス開発に割り当てる時間を増やせるのもクラウドのメリットです。

9.4 公開事例 北海道テレビ放送株式会社様

続いての公開事例は、筆者も大好きな「水曜どうでしょう」でおなじみの北海道テレビ放送株式会社様の事例です。イベント用に動画配信サービスを用意するのですが、それがわずか2週間で、しかもサーバー構築経験がない中での実現というから驚きです。なぜ未経験でも2週間で動画配信サービス基盤を作りきることができたのかを見ていきましょう。

9-2　**AWS導入事例：北海道テレビ放送株式会社**
https://aws.amazon.com/jp/solutions/case-studies/htb/

9.4.1 システム概要

北海道テレビ放送株式会社様では、イベントに参加できない方にもイベントを楽しんでほしいという想いから、新たな試みとして**イベント開催に合わせて有料ライブ配信**を実施しました。しかし、企画の段階では**3日間のイベントに対して機材や外部動画配信サービスを利用することが、コスト上のネック**となっていました。そこで、クラウドを使えば必要なときに動画配信サービスを作れるということで、今後のビジネスモデルの試金石としてチャレンジされた背景があります。

9.4.2 クラウドのメリットを活用している点

マネージドサービスを活用した開発期間の短縮

AWSには数多くの**マネージドサービス**が用意されており、それらを組み合わせることでシステムを作り上げることが可能です。北海道テレビ放送株式会社様の場合は、動画のエンコードが可能な**AWS Elemental MediaLive**（ライブビデオコンテンツを変換）と、動画配信を可能にする**AWS Elemental MediaPackage**（動画の発信とパッケージ化）の2つのマネージドサービスを活用することで、動画配信サービスをわずか2週間で、しかも社内メンバーは3人で行うことができたとのことです。

充実している公式ドキュメントと技術ブログ

AWSは、公式が提供しているドキュメントが数多く存在します。各AWSサービスのユーザーガイドだけでなく、各サービスのポイント解説をしている**AWS Blackbelt Online Seminar**はPDFと動画でサービスの特徴を学ぶことができます（9-3）。また、AWSはユーザーコミュニティやパートナー企業がナレッジを多数公開しているほか、個人ブログも数え切れないほどあるため、検索サイトで不明事項を検索すれば簡単に解決手段にたどり着くことが可能です。こうしたドキュメントを活用することで、サービス開発が未経験でも予定どおりの期間で構築を完了できたと語られています。

9-3　AWS サービス別資料
https://aws.amazon.com/jp/events/aws-event-resource/archive/

おわりに

私は90年代初めからIT業界に身を置き、技術革新を誕生の瞬間から手探りで形にしてきました。時代とともに得た知見、経験に共通していたことは、技術自体を理解するよりも、実現したいことを共有するほうが重要で、目的を統一したうえで計画(体制)を練り、技術へ落としていくことが成功のパターンだということです。

ひるがえってAWSの現状を眺めると、同じ目的であってもプロジェクトのオーナーと開発担当で異なる解釈が存在していることに驚きました。目的がきちんと共有されていなくても、誰かが完成と言えばプロジェクトは終了します。しかし、本当にこれでよいのか、せっかくクラウドを利用したのに十分な恩恵を受けられているのかを自問自答し、気づいた点を書き留めたノウハウは100スライドを超えました。そのノウハウは皆様のヒントとしてお役に立てますと幸いです。

執筆にあたっては、時間が経っても形骸化しない考え方やノウハウを詰め込んだ本というコンセプトを形にするには随分苦労しました。企画に共感いただき、本書の出版にご協力をいただいた皆様、すべてに感謝いたします。

もう一点、未来の若手につなげていきたいという思いから、私のノウハウを綺麗に資料化する作業に加えて共著という形で巻き込んだ佐々木亨君。大変な日々だったかと思いますが、この経験が役に立つことを願っています。

高岡 将

高岡さんから書籍の執筆を打診されたときは、正直、話半分に考えていました。AWS本はすでに多数あり、少し変わった特徴の本ということもあって、企画が通らないと思っていたからです。幸運にも、本書のコンセプトをご理解いただける出版社様に巡り合い、書籍として世に出すことができました。

業務の傍らでの執筆は多忙を極めましたが、最後までやり遂げることができたのは、共著の高岡さん、応援してくれた家族、そして私の遅筆にもかかわらず対応いただいたSBクリエイティブの友保健太さんのおかげです。

最後になりましたが、本書をお読みいただきありがとうございました。クラウドは大きなおもちゃ箱だ、と私は思っています。おもちゃを使って何を作り上げるかは読者の皆様次第です。ぜひクラウドを楽しんでください。

佐々木 亨

索　引

欧文

A

B

C

和 文

本書の掲載内容

本書の掲載情報は2023年6月11日現在のものです。AWSのサービス内容や機能、画面などはアップデートされる可能性があります。

■ 本書のサポートページ

https://isbn2.sbcr.jp/17523/

本書をお読みいただいたご感想を上記URLからお寄せください。
本書に関するサポート情報やお問い合わせ受付フォームも掲載しておりますので、あわせてご利用ください。

エバンジェリストの知識と経験を1冊にまとめた AWS開発を《成功》させる技術

2023年7月6日　初版第1刷発行

著　者…………………………高岡 将　佐々木 亨
発行者…………………………小川 淳
発行所…………………………SBクリエイティブ株式会社
〒106-0032　東京都港区六本木2-4-5
https://www.sbcr.jp/
印　刷…………………………株式会社シナノ

カバーデザイン………………小口 翔平＋畑中 茜（tobufune）
制　作…………………………クニメディア株式会社
企画・編集……………………友保 健太

落丁本、乱丁本は小社営業部（03-5549-1201）にてお取り替えいたします。
定価はカバーに記載されております。

Printed in Japan　ISBN978-4-8156-1752-3